从成事到成功

做对

狐狸先生 —— 著

北京日报出版社

图书在版编目（CIP）数据

做对：从成事到成功 / 狐狸先生著 . —— 北京：北京日报出版社，2022.2

ISBN 978-7-5477-4189-4

Ⅰ . ①做… Ⅱ . ①狐… Ⅲ . ①成功心理—通俗读物 Ⅳ . ① B848.4-49

中国版本图书馆 CIP 数据核字 (2021) 第 252477 号

做对：从成事到成功

出版发行：北京日报出版社
地　　址：北京市东城区东单三条 8-16 号东方广场东配楼四层
邮　　编：100005
电　　话：发行部：（010）65255876
　　　　　总编室：（010）65252135
印　　刷：运河（唐山）印务有限公司
经　　销：各地新华书店
版　　次：2022 年 2 月第 1 版
　　　　　2022 年 2 月第 1 次印刷
开　　本：880 毫米 ×1230 毫米　　1/32
印　　张：8
字　　数：160 千字
定　　价：49.80 元

目 录 CONTENTS

认知升维：成事的硬核术

角度偏差：如何从"软肋"中逆转

因势而动：用有限的行动做对的事

内在进阶

从"人际潜规则"到"善精简、会经营"

01 人，才是重要的成事资源

这样一个看似简单的问题，实则是一种强化自我与他人的策略关系。

无论如何，你都应该相信人才是最重要的资源，因为各种资源、机会、信息，甚至喜好的来源都出自人。例如，你和小强的多年合作源自大学时代，不过那是因为有小冬的存在，他为你牵上了一根线。若少了这根线，小强则可能不会带着那个能改变你命运的机会来找你。同样，若没有这层合作关系，小强在资金短缺的时候，你也不会把小曾、小李……介绍给小强认识。因此，在这一前一后的联盟关系中，资金和协助都是双向流动的，而这里面都是因为有"人"这个重要资源在起作用。

　　我们原本没有交集，但两个曾在同一环境里相处的人因各种原因分布在世界各地。有一天，你和他有了联系，你和他，你和别人，他和别人……你看，这当中产生交集了吗？人与人之间的资源就是这样双向流动的。

　　久而久之，在时间的推动下，你的资源会越来越广。就像"裂变效应"一样，自己成为非常重要的资源。我们来看一个案例。在教育培训行业，一位老师最初班上只有一个学生，但这位老师明白"人"这个资源的重要性，于是他在服务好这个学生的同时，很自然地认识了这个学生的同学，以及这个学生的家长。于是，他们彼此之间就形成了一种人际资源。几周后，这位老师的班上有了新生。从时间效应来看，一位老师服务一个学生花费的精力和服务两个学生所花费的精力没有太大的区别，但老师所获得的报酬却增多了。在微信圈有一个众所周知的说法，"给我50个人，我就能裂变出成百上千的人"，可见"人"在资源暴增的因素中占据重要位置。

　　三个产生交集的人在一条线上，随着时间的推移会在这条线上认识更多的人，这种裂变能让你的资源越来越多，而你只需做这条线的中间点，两端的人会不停地给你带来更多的人、更多的资源。我们把这种效应称为"中间裂变效应"。

　　"人"的作用当然不止这些。

　　在一部名为《为什么精英都有超级人脉》的书里，作者讲述了一个很有意思的观点，"人也可以是看门人"，按照作者的论述，"如果你想要升迁，那么深厚的人脉、与老板搞好关系比你的能力还重要。当然，这不是指糟糕的任人唯亲或'办公室政治'，虽然有时候很不幸会发生这种状况"。这种说法证据来源于斯坦福大学组织行为学教授杰弗里·普费弗的论据收集。

在说完作者论述的观点后，我们再说"看门人"到底指什么呢？简言之，"看门人"就是指能看到"门"里面的人，这个"门"就是由"人"组成的资源或者人际关系网。如果一个人没有"入门"，就表明他极有可能是这样的人：要么是冷眼旁观，要么是一个不合群的人，抑或他根本不愿意参与到这种人际关系中来。"看门人"一定是一个懂得利用良好资源的人，他也一定重视"人"这个资源的强大力量。我们会在现实中发现一种让人"很不服气"的现象：即使这个人能力稍差一点，只要他能和人相处融洽、在团队里有贡献，他还是比能力强、但无法进行团队合作的人对公司更有益。

"人"这个重要的资源在实现"裂变"后，就会产生一种我们熟知的关系，即"人际关系"。在这样的关系当中每一个人都带有磁场，它们强弱不一。如果你是强的那一个，那你身边的人会塑造成"你作为强者的样子"。这是因为一个人的行为和理念是有感染力的。早些年，特别流行一种叫"吸引力法则"的观念，我们可用它来阐释这种现象。这是一个人更加注重自我影响力的塑造，也是迅速扩建人际圈的制胜之道。当你很容易"感染"到朋友的情绪、行为，你自然会成为他们的意见领袖。反之，当你的情绪被他人感染，你会不自觉地模仿他们的行为，并把他们的价值观变成自己的价值观。这时候，如果这个人的能力大于你，例如他具有超强的执行力，他能迅速把事情完成，绝不拖泥带水，那么你很可能也会像他那样。

因此，彼此间的相互作用构成了人际关系中的一种特定存在。当你还在为自己没有资源而苦恼时，不妨记住这样一句话：改变自己的最快方法，就是和那些已经达成你目标的人相处。

关系的复杂、多样是让我们最为头疼的。在现实生活中，我们如何破解这一难题呢？其实，所有复杂的关系都是人为的。想要在复杂的关系中精准定位，做成一件事，我们可以用"对"与"错"来衡量。如果你觉得关系复杂，不妨将自己的方向定在"培养专业关系"上。要做到这一点，需要设身处地为对方着想，老祖宗推崇的准则就是"真诚"。

> 人之关系越复杂，越容易产生分歧。"对"与"错"不是简单地非此即彼的判断，反而应该是"对"与"错"的换位思考。而要做到这一点，真诚是最重要的。

和他人培养真诚的关系，至少需要站在对方的角度看世界。以创业者为例，没人比经验丰富的创业者更了解这一点。当一个创业者尽心做出了一件成功的商品（指人们愿意付钱去购买这件商品）时，他一定充分考虑了顾客的需求。也就是说，创业者是"真诚地站在顾客的一方来思考问题，成就商品"。联系到你而言，表示你也考虑到了"了解顾客在想什么"的重要性。

对此，新创企业投资人保罗·格雷厄姆认为，作为一名欲成事者想要发现大家的需求，就必须"去处理人类经验中最难的问题：如何从别人的角度来看事情，而不是只想到自己"。这种"利他"的思维模式将在人际关系中起到助推作用，但很多人很难跨越心中"自我"那道坎。当你明白真正"设身处地站在别人的角度思考问题"的重要性，并为此付诸有效行动时，对方才会开始与你培养出真诚的关系。

必须再次强调，这一点的确很难做到。

创业者当然可以通过他的渠道观察到销售的起伏，并以此为依据衡量自己对顾客了解到何种程度。然而，具体到日常社交生活中，我们往往无法得到立即的回应，很有可能"等到花儿也谢了"依然得不到我们想要的。更难的是，我们会不自觉地想到一切都应该是围着我们运转的，这种由己出发的心智正在一点点吞噬着你。这一点正如已故作家戴维·福斯特·华莱士所言，"你经历过的一切，都是以你为绝对中心。你体验的世界就在你前方、后方、左方或右方，在你的电视或计算机屏幕上"。

其实，上述心理都是一名欲成事者常有的心态。他们太急功近利了，渴望自己的付出立刻就得到回报。其结果大都适得其反，先前的付出几近白费。因此，"思考如何帮助对方、和对方合作，而不是想着你能从对方身上得到什么"才是一个人"做对事情"的有效之法。换句话说，我们"应该先把那些容易浮现的念头搁在一边，先想想如何帮助对方，以后再想你能寻求什么回报"。

许多人事先考虑的是大脑里第一浮现出来的。例如，当你有机会接触成功人士时，你会很自然地、快速地想到"这个人能为我做什么"。如果你和一位著名演员见面，从常理上讲，我们也不能怪你一心只想和他合影。如果你和一位投资人一起进餐，你自然会有想说服他捐助你或者投资你的想法，毕竟这样的机会不可多得。我这样说，不是要你崇高到完全没有一丝自利的想法，至少不要在机会面前表现得急不可耐，或者丧失了理智——人性的弱点在这时候必将成为你的绊脚石。

根据一份有关协商交涉的研究发现，"那些顶尖协商高手和一般协商者的主要差异在于寻找共同利益、询问有关对方的问题，以及建立共同立场所花的时间"。那些"有效的协商者会花较多的时间做这些事情，思考让对方真正受惠的方法，而不是纯粹为了自利，硬要对方接受苛刻的条件"。中国人讲究中庸之道——找到平衡点，互惠互利。走在"成事之路"上的你也应该这样做，先从对合作方展现出诚挚的善意开始。之后的"层层推进、水到渠成"都是成事者为你精心准备的关键词。

"如何赢得朋友及影响别人"是戴尔·卡耐基作品《人性的弱点》的直译原书名。前者的书名直译不如后者《人性的弱点》书名更贴切。如果按照前者的直白理解，我们会更加处心积虑地去"赢得"朋友。然而，朋友并非你拥有的资产，他是你的盟友、你的合作伙伴。正如《为什么精英都有超级人脉》

一书里的描述，"你可以想象在跳国标舞时，你的任务是和对方一起移动，温和地引导或跟随着对方。那是一种有深度的互动，若是想把朋友当成对象那样赢过来，就会完全破坏双方的努力"。

由此，我们会不自觉地想到一个人要做对一件事有多么难。可是，人作为事情的思考者、执行者……确实需要"三思而后行"啊！除非你不想拥有这样的成事资源。

很少有人会坦承用这种方式"赢得"关系，但他们的行动举止却表露无遗，关系也因此受到影响。戴尔·卡耐基的本意是如此吗？很多时候，我们会发现"一些想做对事情的人"已经很努力了，偏偏给人留下不好的印象。于是，我们会鄙夷地评价他们：瞧！这是一个多么做作的人啊！似乎很不真诚。

所有人都在乎真诚。有没有发现一个很有意思的事情：当你能看出某人刻意展现诚意时，你就缺乏兴趣了。这一刻的感觉就像你和某人对话时，对方刻意省去你的姓氏，总是不分场合直呼你的小名一样。

美国著名小说家乔纳森·弗兰岑的分析充满了深刻而易懂的道理？他说，不真诚的人，老是执迷于真诚。真诚与合作是什么关系呢？真诚能带给你合作的思维定式。一旦合作的思维定式无法建立，关系就难以培养。合作就无从谈起。合作的思维定式一定是拉近距离，把"我"改成"我们"，所以再也不要与朋友见面及认识新朋友时自然而然地自问："这对'我'有什么好处？"而是自问："这对'我们'有什么好处？"很多关于人脉的书过多地强调"处心积虑",反而忽略了"合作""成事"是"我们"的事,而不是"我"一个人的事。

　　一棵树只能是一棵树,三棵树可以成为"森林",就像我一个人是自己,而两个或两个以上的人称为"我们"。合作成事的秘诀是"我们在一起能做成什么",而不是我和你在一起,我能获得什么。

　　所以,说"人,才是重要的成事资源"就是要把其放在关键的位置上。其他的客观条件固然重要,但核心点依然在"人"身上。

　　"人和"则"做对";"人和"则成事。两者的协调性会让人的能动性发挥到极致。本书所说也只是让你对"人,才是重要的成事资源"的重要性引起重视。重视之后就是你该如何去践行了,希望你不要在践行的路上走太多的弯路,重要的一点,时间是宝贵的,你浪费不起。

　　生活在商机无限的时代，我们都不甘做庸碌者。我们不妨在强化自我和他人的关系上做出实效的努力，成事就不会那么艰难了。

　　而我们所期盼的机会、资金、平台……它们都会接踵而至的。

02 挺起自己的胸膛，
不是准备随时与人决斗

强调人与他人的重要关系时，绝对不是要求我们为了达到自己之目的而委曲求全，甚至丧失做人之基本准则。若是那样，断不能成事。同样，也并非说一个人应该收起自己的主见，很痛苦地将心中想的"是"说成"不"；同样，也并非说一个人应该对人对事谄媚、矫揉造作。

对于那些没有自己主见，或是怯懦于表达自己主见的人，我不敢苟同他们的行事风格。非常残酷的现实是：在这个世界上那些没有自己主见的人，注定是难以立足的。

主见之外，我们再说说意气用事与睥睨一切，这两者跟主见有难以割舍的关系。我们不应该忘记美国实验心理学家纳撒尼尔·C.小福勒对年轻人的忠告：没有人与人之间相互依赖，个性也就无从谈起。但那些意气用事、睥睨一切的行为与适当的圆滑手段，或人称的"老练"之间存在着巨大的差别。

因意气用事、睥睨一切而品尝失败之痛苦，一定是很不值当的"买卖"。想想刘备一心为关羽报仇，在睥睨一切中意气用事，原本气势汹汹的"复仇"军队被善于发现人之弱点的陆逊抓住了"一击就大面积溃败的时机"。在火烧七百里连营后，蜀汉元气大伤。越王勾践没有意气用事，以卧薪尝胆之行事法则，终于灭了强吴，成就一代霸业。这些众人熟知的故事，就算放到今天、未来依然不过时。

明白有主见与意气用事、睥睨一切的关系了吗？无非一点，主见过重往往会导致人形成意气用事、睥睨一切的行事风格。

> 意气用事是稚嫩者的显著表现之一，真正成事之人是从"稚嫩"到"老练"的睿智者。在破局术中，想要打破原有的平衡局面，一个"损招"就是让对手"意气用事"，由此可以暴露对手的弱点。但是，我们非常不推荐用这样的方式去成事。

真正成事之人是从"稚嫩"到"老练"的睿智者。如何理解"稚嫩"与"老练"，你可以把"老练"理解成圆滑，把"稚嫩"理解成破坏原有之和谐。成事之人你要明白，破坏原有之和谐，打破正在向好的发展局面是一种十分愚蠢的行为。所以，"稚嫩"之于成事，要不得。

我们再看圆滑老练。每个人都会犯错误，当你与别人不可避免地需要沟通交流、执行合作时，如果你想让别人觉得他们自己有错误，也要有气度让自己接受错误；不要觉得圆滑老练是一个贬义词，只要你正确使用，它其实也是一种商业资产。

99% 的恼怒情绪，99% 伤人心的言论都并非因其本身的对错与否，而是很多自高自大之人硬着头皮不愿意承认：用无限的怒火去换取一点点价值，这是毫无意义的。每天在办公室都会遇到一些鸡毛蒜皮的小事，它们无足轻重。你要么圆滑巧妙地绕过，要么按照你所谓的个性去激怒同事。

不要把世界看得绝对美好，也不要把人想得都胸怀宽广，更不要因为自己的"意气用事"而大动肝火。身处江湖，圆滑老练，彬彬有礼，这是一个做对事情之人的基本素质。圆滑老练也是一种商业资本，它不是教你"诈"，而是让自己在多变的环境中避灾驱祸。

世界是凹凸不平的，因此总会发生一些事故。用平行的思维去看待世界就像相信世界的一切都是美好的那样，也会陷入苏轼诗中所说"不识庐山真面目"。

特别欣赏这样一句话，"挺起自己的胸膛，不是准备随时与人决斗，而是为有价值的事物抛头颅、洒热血"。那些随波逐流的附和，那些自以为是的果敢，那些固执的坚持，那些蠢蠢欲动的意念……仿佛都是为了彰显自己的"个性",然后才会觉得自己有多么与众不同。

挺起自己的胸膛,不是准备随时与人决斗,真正要决斗的是快速干掉你不够"老练圆滑"的商业资本;真正要保留的是"为有价值的事物抛头颅、洒热血"的坚守。

03 如何通过公开演讲进行自我提升

　　许多人都缺乏演讲能力，同样许多人也十分害怕演讲。他们都忽略了一个提升自我的捷径——公开演讲。

　　缺乏的、害怕的都是因为自己有不会演讲的短板，它们都需要引起我们足够的重视。一个人是否希望成为公共发言人并不重要，但是每个人都应该很好地控制自己的表达，只有这样，无论身处何种情况都能泰然自若。只有这样，你才可以在听众中间畅所欲言，清晰明白地表达自己的思想，不管听众的队伍多么庞大或者多么微小。

　　按照奥修的说法，人可能都是孤独的。但人是群居的，你面对的是一个人还是多个人，抑或公众……这当中都离不开自我表达。

自我表达在某种意义上是唯一能够激发精神力量的方式，精神力量的强大又让你处事有坚定的信念，信念让你的人生更有意义，也愈加丰富。所以，善于自我表达让你的人生更丰富。

人生因自我表达而丰富，拥有一个丰富的人生可以抵消孤独。

自我表达的形式有多种。如果以具体的形式来呈现，它可能存在于音乐之中，也可能存在于油画之中；它可能会通过出售货物或者撰写书籍而得来，也可能是通过各种场合演讲而得来；它可能是一句话也不说的沉默表现，也可能是你面对心仪之人的高声呐喊……

　　自我表达往往会以任何形式召唤出人们内心中蕴藏的创造力。很多成功的人士都是超级演说家。这些超级演说家在演讲的时候，能将自我观点有效地呈现出来并释放出非常惊人的带动力量。这也从另一方面印证了自我表达的重要性。

　　对某一个人来说，在没有学习任何表达技巧之前，尤其是在公开的口头表达的情况下是很难达到自我成功这一最高标准的。但是，含有自我观点式的"演讲术"一直被人们看作是走向成功的一种"捷径"。因此，年轻人不管将来从事什么职业都应该重视这种"演讲术"。从大火的节目《超级演说家》中走出来的选手，他们的生命得到了更加绚丽的绽放。他们的公众影响力会对他们的事业起到助推作用，并影响更多的后继者和追随者。

　　当一个人肩负着在公众面前即兴演讲的重任时，整个人的能量会面临一场严峻的考验。对于学习演讲的人来说，没有什么事物能够如此迅速、高效地召唤出人的内心中蕴藏的能量。因此，如何进行公众演讲与如何通过公众演讲提升自我成为两个重要的话题，非常值得我们去探究和实践。

　　演讲是自我的表达，它会让你成为公众的焦点，从而为成事起到很好的铺垫作用。林肯、威尔森、韦伯斯特……这些伟大人士都是演讲这种自我表达方式的受益者。

　　对公众进行演讲的练习需要我们以一种"合理并且有说服力"的方式去展现自身的全部影响力，努力将"注意力集中到人们所拥有的全部力量"上去，这便是天赋的伟大觉醒。简言之，这是一种能够"控制其他人的注意力"的能力，并且可以激发其他人的情绪，继而以巨大的磁场力量影响越来越多的人，形成口碑效应。对演讲者本人而言，如果他达到了这样的效果，在演讲让听众信服的力量影响下，他从未有过的自信、内心的雄心壮志都会被唤醒并激发出来。这是因为，演讲者能召唤出所有的经验、知识以及先天的或后天的才能储备，然后集合在尽力表达自己的思想以及争取得到听众的赞许和掌声时的全部能力。可以说，它是一种"大爆发"式的卓越体现。

通过观察和分析可以发现，作为一名成事者，他拥有的判断力、教育经历、男子气概、性格等，所有使他成为今时今日这个人的因素，都会在他努力去表达自己的时候像一幅全景图一样展开。在一些人还过着慵懒的人生时，或者说一些人正处于慵懒的状态时，如果看到眼前的成事者正在享受成功的喜悦，相信他的每一种精神上的天赋都会得到复苏，每一份思想和表达的能力都会受到鼓动和鞭策。除非他拒绝接受好的影响力，完全沉沦不醒。

我知道一位作家的故事。这位作家有一个习惯，如果写出来的东西不能令自己满意的话，他就会把手稿烧掉。但是，所有这些并没有哪双眼睛盯着他看——他完全不用这样做。也没有一位读者来评判这位作家的每一个句子，衡量他的每一个想法。因此，他不一定非要踏上由每一位读者的评判来衡量的阶梯上去，就像演讲者那样。如果这位作家愿意以敷衍的态度写下去，大量地使用自己没头脑的文字，那么他的写作能力和作品质量将丝毫得不到提升。因为没有人监视他，他的傲慢和虚荣都不会被人提及，也可能永远不被人知道，他写出来的东西也永远不会被任何人看见。

让人庆幸的是，这位作家完全不是上述描写的状态。他的写作能力和作品质量都在提高。讲述这个故事的目的是警示那些试图指望降低要求或应付了事之人。像这样的人，他的自我表达不会得到任何改变。

所有的自我表达在未公之于众前，都是"无效"的。这就像在音乐中，一个人所散发出去的东西只有一部分属于这个人，其余的都属于作曲家。公众演讲只有在有效传达到外界的层面后才会发挥作用。

在交谈中，我们不会感觉到有那么多东西依赖于我们的辞藻。但是，当你尝试着在听众面前进行演讲的时候，你可能得不到任何帮助，也得不到任何建议。你必须从自身找到全部对策，你绝对是孤家寡人，除了你自己，别人无法在那一刻帮助你，而公众演讲的难度也在这时候体现了——它不会因为你的身份、地位而得到丝毫改变。那一刻，只有记忆、人生经历、所接受的教育、才能本领才是你所拥有的全部。为此，你一定要经受住自己所说的，在演讲中接受检验，在听众的评价之后，你要么依旧屹立，要么轰然倒下。

断裂、不规则是为了今后成事之圆满。

孤独的演讲者就像断裂且不规则的圆环，直到你跨越了演讲过程中的重重阻碍，形成一个无缝衔接的圆环，你的人生才开始丰富多彩起来。

演讲者是孤独的，需要独自解决演讲过程中出现的各种状况，正因如此，你的个人素养得到了极大的提高。这也是懂得演讲的人越来越优秀的重要原因之一。很多成事者在未成事之前，你或许已经尝试了多种途径，直到找到公众演讲这条途径，你发现自己的人生豁然开朗了。

　　年轻人加入中小学或者大学里的公开讨论小组或者讨论社团，是能够迅速得到发展的，这是一条非常好的途径。林肯、威尔森、韦伯斯特这些人都通过这样的途径得到了很好的训练。如果没有这样的机会，你可以报考一些专业培训班。多次的交流、表演与训练，能够让一个人以清晰易懂、明确简洁、生动有力的语言表达自己的观点。长此以往，它就会让这个人的日常用语变得更加经得起推敲并且直截了当，而且通常能够改善这个人遣词造句的能力。

　　每个人都可以选择使用合适的词语。这取决于你的才情和阅历，还有临场应变的能力。同样，我们可以说出合适得体的话语，而不是说出不恰当的话语。得体与恰当都是你能力的体现，也是内心有目的的外界投射。

　　抛开一个人的性格和习惯，他不会不假思索地进行语言信息传递。倘若一个人有着优雅的言谈举止，再加上他顺畅、合理的言辞，他就能够成为一个和蔼可亲的演讲者。这对提升自我有着莫大的作用。那些无法用金钱衡量的机遇就会青睐于你，你的演讲力也会成功地转化为商业资本。

　　在学习过程中，你的言谈教养、态度举止、智力供应，都将成为思想和缜密训练的重要组成部分。不过，这是一件需要费尽心思并且提前准备的事情。所以，请不要指望一次就能成功，时间会在恰当的时候给予你答案。而你，只需要顺应即可。

当你公开演讲的时候，每个人都必须敏捷地、精力充沛地、有效地进行思考。与此同时，你必须使用经过适当调整的嗓音，同时要配以合适得体的面部表情和肢体语言。这需要在人生的早年进行大量的训练。如果错过这个黄金期，后期就需要刻苦的训练。正如学者格拉德斯通所说："99%的人永远都不会从平庸之才之中摆脱出来，因为他们完全忽视掉了对于声音的训练，认为那是完全没有必要的。"

与千篇一律、使用同样呆板的方式表达一件事相比，没有什么其他事物能够更加迅速地使听众感到厌倦的了。能够使用甜美流畅、使耳朵愉悦的韵律来升高或者降低音调确实是一

　　声音具有我们想象不到的穿透力，这种穿透力会转化为强大的感染力。很多人忽视了上天赐予我们的这个器官之强大作用。

门非常重要的艺术。所以一定要重视表达方式的多样性，如果不能提供变化多样的表达方式，人们就会很快厌倦。

缜密、简洁的评论是必不可少的。在已经陈述了自己的观点之后，就不要再将自己的谈话或者争论引申出去。那样的话，你不但会抵消自己留下的良好印象，还会削弱自己的论据。由于缺乏机智老练、公正的判断力或者相应的鉴赏力会使其他人对你产生偏见。

成为一位优秀的公共演讲家需要吸引其他人的注意力，鼓动听众的情绪。一旦达成，就能产生自信坚定、雄心壮志等正能量，并且能使人们在各自的专业领域内都更有影响力。

不少年轻人缺乏强壮的体魄，而力量、热情、信念、意志力都极大地受到身体状况的影响，所以一定要锻炼出强壮的体格。记住：千万不要因为体力不支而影响原本可以精彩的演讲。

不要给自己留后路，奋勇向前吧！不要害怕去展示自己！这种退缩进一个小角落、摆脱公众的视线、避免招引公众的注意的行为对于自我表达来说是致命的。

如果你收到了演讲的邀请，不管你多么想退缩，也不管你多么胆小或害羞，一定要下定决心不让这种能使自己提升的机会从身边溜走。

如果这一点都做不到，我相信将来其他机会降临到你头上时，你依然抓不住；即便抓住了，也不会产生多好的效应。

04 交际有个圈，里外风景不一

"我很忙，所以我不会到外面去交际。"
这是很多人的通病。

"这个夏天，我不会去参加任何活动。"
一位女士这样说道，"因为我真的很忙。"

······

类似的对话或自语还有很多，它都让我们轻易地想起一个词语：交际。

到底什么才是"交际"呢？上面所提到的交际到底包含什么意思呢？查阅字典自然可以知道它的意思，但仿佛还有迷惑之处，毕竟字典里的意思放置到生活实处时，在具体的语境中难免让人有点迷糊。

我觉得上面对话中那位年轻女士所说的"交际"之意，就是去舞会、派对······总之，她接收到了"邀请之类的活动",然后一群人聚在一起。当然,这不一定就是他们私人的见面。也许,这些人"不幸地"属于那些"贵族"阶层或是一群自高自大之人的集合——他们没有自己的见解,知识匮乏,还装得好像学富五车一样。

这样说绝对不是三观不正,反而会让我们觉察到一种可怕的现象——偏偏它又是容易让我们趋之若鹜的,许许多多的年轻人正在不断地参与所谓的"交际"而让自己的现在与未来蒙受损失。遗憾的是,这些年轻人却浑然不知。

走在街头巷尾,我们依然可以看到很多毫无意义的聚会,有些甚至在"交际"这个祭台上将自己的灵魂也当作祭品。

写下上面的话语,我的心情很难平静。我很有可能在未来遭受到严厉的反驳之声。作为一个成事的年轻人应该有自己的朋友——这无可厚非,可他们不应该与那些书呆子或是遁世者为伍呀!他们应该聚在一起相互交流各自的经验,在谈话中增长彼此的见识。这就是说,我们必须承认"交际有个圈,里外风景不一"。值得注意的是,这些行为都不是所谓的真正地"走进了交际"。"交际"一词曾普遍被认为是沉迷放荡的意思,并多少与酒杯、情色之类沾上了关系。

太多的觥筹交错正在消亡掉"真正交际的高层含义",它正在成为我们"消磨掉珍贵时间"的完美借口。一个发人深省的事实是,许多商业巨擘或是智慧超群之人、杰出的发明者或是科学家,乃至各个领域的拔尖之人,他们更关注的是"社交"

而非"交际"，他们极少去"交际"，他们过着自然平淡的生活，与自己趣味相投之人结为朋友。

无畏地消耗时间正在毁掉欲成事者

无效的社交正在毁掉一个人，它会消耗掉我们的宝贵生命：为时间而付出的代价是无可挽回的。觥筹交错的假象正在迷惑失败之人或即将失败之人，成事的核心点不在于花费大量的时间去维护所谓的关系，虽然有时候它不可或缺，打开有效社交之门的是你内心渴望提升的动力，虚心请教的态度，这样才能结交到有知识、有才情的人士。

前不久，我采访到一位成功人士，向他请教成事的秘诀。他说多接触有品位之人，学习他们身上之优点。对此，我找不到什么反对的理由。他接着说，他从不认为参加晚会被列为嘉宾是一件值得炫耀的事，他看得很淡。志趣相投自然会有无限吸引力，学识渊博自然赢得尊重。

许多富人、更多身家一般的人，他们在"交际"之中把自己生命的活力都消磨殆尽的同时，还必须花许多时间去维持这些"关系"。等到他们老了，阅历更广了，他们就会喜欢去户外活动，呼吸新鲜的空气，并在心智上，有时可能在身体上让自己驱除当年那些傻乎乎与不切实际的"壮志"。可惜！时间是一去不复返的，当年失去的东西除了让他们倍感遗憾、后悔，再也不会有其他的了。如果他们能警示自己的后代子孙，不再像自己当年那样，那么他们的后代会受益无穷。

不要为找寻不到所谓的"交际"层次而感到烦忧。你迟早会找到属于自己的层次。若你总是尝试达到某个层次，无论是高于还是低于自己所属的范围，都只能造成灾难。年轻的男女记住一点，金钱本身，或是会跳几曲探戈以及窃窃私语的能力……这些都不是打开真正"社交"大门的钥匙。

真正的"钥匙"是什么呢？内心渴望提升的动力，虚心请教的态度，结交有知识有才情的人士，这些都为你勾勒出了一幅门内的美好图景。没有人会拒绝你热情、虚心的态度，除非他是你的死对头。你还在为门外热闹的风景吸引，却忘记了欣赏门内更美的风景，那是因为你被虚荣所蒙蔽。

其实人活于世，都是啖一样的肉；都是睡大同小异的床；都是穿同样的衣服，仅此而已。正如想起纳撒尼尔·C. 小福勒所说，"若你的祖先当年乘着拥挤不堪的'五月花号'来到这个国度，或是你上溯的几代祖先曾在荒芜之地驱逐过印第安人，记住一点，你并不比那些在人们依稀记忆中的人好上多少。"

交际有无数个圈，你走向哪个完全取决于你所需。对于一个成事之人来说，切记不要在无用的圈里浪费太多的时间，当今"社交"风靡，就像空穴的来风，最终也只能在空茫缥缈中消散。

至于风景不一，则是因为我们最终或者获得了一些成长，或者失去了什么。

但我十分相信，那些"做对"之人、"成事"之人，一定有一幅幅美妙的人生风景图，并能福泽于他们的子孙。有可能的话，你可以将这样的忠告写进家谱。不然，就让它随风而逝！

05 口若悬河之时，也要明白何时应该缄默不语

　　凡成事之人都知道开始、继续、停止的重要性。他们对分寸的拿捏是几乎没有什么问题的。

　　就像制造功率强大的火车头的工程师必须知道如何启动与刹车那样。若不知道如何刹车，或是在紧急时无法这样做，那么其所有的工程知识实际上也是没有价值的。我想，没有人会想坐他设计的车。同理，医术精湛的医生知道什么阶段用什么药，若一服药贯穿始终，就不会发现个体的差异，以致不能为病人找到一套行之有效的治疗方案。

　　许多人都走得行色匆匆，仿佛他们真的

很忙一样。于是他们在人生的高速路上，根本不知道什么时候应该停留，什么时候应该前行。他们认为只要一直向前就是正确的。

> 我们的人生很像一个铁环，它不停地向前滚动，却忘了什么时候该停留，什么时候该继续前进。它看起来是如此忙碌、连续，最终却什么也没有得到。其实，人生更应该像一列火车，有停止、有前进，最后到达终点。

不计其数的年轻人、老人，他们曾经都怀揣远大的志向，在出发之时兴高采烈，其快速的跃升博得朋友的赞誉。他们无疑是聪明、身手敏捷与富于创造性的，也时刻想着主动出击。他们拥有成功的一切特质，却缺乏一个重要因素：他们知道如何开始，却不知道何时停止。就像一些人可以把蒸汽压在气泵里，却不能将其关闭一样。就像一些人可以唱很多首歌，却不知道如何变音、降调、升调一样。他们看起来很厉害，却无法在更高层次的场合里游刃有余。在晴天时，他们得心应手，在阳光普照的日子里，他们一帆风顺；但当雾气缭绕，夜静黢黑之时，他们却不能顺着灯的指引绕过岩石暗礁。总之，他们在阳光之下平平安安，在暴风雨中却岌岌可危。

凡成事之人欲登上更高的境界，就必须明白如何开始、继续、停止。当你口若悬河之时，更要明白何时应该缄默不语。许多时候出丑、露怯都不是刻意的，只是自己的才情不够，或者"刹不住车"。

我曾参加过一个讲座。那是在某个周末的晚上，当时夜色很美，让人很容易融进某个场景中。仿佛要聆听一场视觉盛宴。事实的确如此，那个演讲者魅力四射，富于原创性的演讲内容以及完全基于事实的精彩表述让他有了一个很好的开始。于是，他成功地让台下的观众听得如痴如醉。

演讲结束后，我开始思索他的演讲过程。他的开场白十分出色，一开始做得很好。可是演讲到最后听众却寥寥无几了。因为他持续演讲了一个多小时，且不断地重复，而台下的观众早已疲惫不堪，陆续地退出演讲大厅，所记得的东西甚少。这一切都归咎于他不知道何时结束、何时适可而止。想想，这多么让人扼腕叹息啊！那么好的一个开始，却没有得到一个好的结果！

放眼现在这个社会，处处充满了商机。我们也看到成千上万的人在初涉商界之时前程无比光明。我也见过许许多多的年轻人，他们的事业在一开始就有丰厚的回报。然而他们忘乎所以，一路高歌猛进。他们沉浸在胜利的喜悦之中，忘记了该如何应对未来的风云变幻。他们就像那些在天晴之时不去修补屋顶的人，觉得下雨好像是件遥远的事情。后来，我就听到了关于他们当中失败的诸多事情，他们当中的不少人也开始变得沉沦，原先的斗志荡然无存。

很多时候，创业的失败源于不能及时收手；

很多时候，好的开始是远远不够的；

很多时候，单纯的熟练是不足以建立起长久的成功的，还需要进退自如。

一首好的曲子绝对不是一个调，作为演奏家的你要知道如何去弹奏一手好的曲子，而不是让听众中途退场。成事者知道拿捏做事的分寸，在进与退中游刃有余。

我们无法总是正确地预测未来或是看清前路的每个障碍。但若你不未雨绸缪，当风暴来袭时，你将惊慌失措，难以抵挡。我常听到不少年轻人豪情壮志、一路高进，最后铩羽而归。我替他们感到不值、痛心。许多原本成功的人之所以失败，是因为他们不知道何时应该减少开支，在一间工厂赚了几百万、上千万，甚至更多后，他们就多建两三间工厂——他们知道如何开始，就是不知道何时该刹车。

许多销售员之所以失去顾客，不是因为他们不能很好地推销商品，也不是因为对销售技巧一无所知，而是因为他们说得太多了——先把顾客说进了购买的思维框架里，然后又把他们给说出去了。

许多项目洽谈因说得过多而让自己的价值在减少或完全失去作用；

许多道理说得太多，听者不胜其烦；

许多友情强调得过多，最后分道扬镳、形同路人；

……

当你不知道该如何说之时，谨记沉默是金。

当你一路高歌猛进时，请学会及时刹车。

诸位，既要懂得如何开始，也要知道怎样结束。

06 做一个会说话的成事者

　　说话是我们每个人都拥有的权利。我们对自己和他人的发言权都应该表示尊重。忠言的、逆耳的、真心的、友善的话语都包括在我们的说话内容中。那些中伤、恶语、诽谤等邪恶的说话内容我们应该摒弃。我们每个人天生都是平等的，从本质上说，我们没有权利和资格去评判另一个人，这是由人格上的平等决定的。因此，从人性的层次来讲，我们是不具备评判他人的资格的。

　　不具备评判他人的资格并不是说你要漠不关心、冷漠无情。所以一定要将之区分开来，要发自内心并真诚地去了解你处于什么样的位置、扮演的角色、当时的处境以及谈话的目的等。对他人而言也是如此。我们说话若经过这样的思考，那便再恰当不过了。

对于那些我们不清楚的、道听途说的、一知半解的、隐私的、与谈话没关系的内容，我们应该保持沉默，至少在你没有弄清楚之前最好不要妄下结论或者滔滔不绝，这既是对别人的尊重，也是对自己的尊重。所以说，保持沉默是一种比较好的处理方法。

掷地有声并不是量的结果，而是质的自然彰显。有时候千言万语换来的不是对方的理解，却是失败之事的开端。

当我们遇到一些问题时，首先应该冷静下来，并学会独立面对它。不要动不动就求助于他人，你没有经过思考怎么就知道自己无法解决它，这是思想的惰性，对自身的提升没有任何好处。当你遇到足以让你去思考的一些问题，它也是你提升自我思考、修养、成长的机会。如此难得的机会你怎可轻言让与他人？反之亦然，对别人也是这样的，别人面临问题的时候没经过邀请你就自作主张，这好似你多热心一样。其实不然，你不懂得尊重他人，即便你比别人强，可以轻松解决这个问题，也不应凌驾于他人之上。你有什么资格"先声夺人"呢？这样做的后果会让你内心虚妄的自我彰显出来，而这般的彰显并不是什么好事情，有时候会给自己带来麻烦——生活中因为"多嘴"而导致的事端常有发生。当别人需要我们的建议时，你也要从对方的角度出发，以真诚的态度提供可行性建议，保持你的谦虚，无论对方是否采纳，你都不应有自大、不满、愤怒等不良情绪。

尊重别人的自主能力也是尊重你自己，说话的平等性就在于此。反观我们自身，我们身上是不是存在着在说话问题上有发问求助与提供建议的不平衡状况？如存在，则须改正，说话的资格、平等、技巧、内涵等就是这样提升的。

说话看似简单，这是因为人人都拥有这个权利，但要说出有水平的话就没那么简单了。能够洞穿本质、审时度势，才是说话者的智慧风范，也是一个成事者要具备的能力。否则，事没做成，反而得罪一大堆人，这是万万划不来的呀！

07 聪明的人多半像月亮，
低调地散发着光芒

拥有自己的一番事业是何其幸哉！

每一个充满雄心壮志、才华出众的人都理所当然地想开创自己的事业。

充满雄心壮志的人不甘心永远赚取微薄的薪水，他们憧憬可以开创自己的事业和领导别人。

但是，我们不能把上述之人都称为非常聪明的人。更需要引起我们注意的是，他们当中还有超过 75% 的人并不具备打理生意、领导团队或者指引他人的能力。

原来，他们只能局限于依靠他人指引方向。

根据相关数据表明，开创自己事业中的

相当一部分人曾经失败过，或者将来会失败，即便最终他们能够成功。反观另外一部分人，虽然风险巨大，然而那些具有成功潜能、审时度势、谨言慎行的人却可以应对风险，从容应对自己和他人的事情。

请相信这样一句话：完美结果和杰出成就同样会伴随着某种风险，过多的风险也不合理、不可取。

假如十分谨慎呢？是不是就意味着安全无忧？非也！过度谨慎同样是前进途中的绊脚石。唯有介于小心翼翼与毫不在乎之间的心态，才能寻找到通往成功的坦途。

因此，我们需要考虑自己有没有达到下面的 10 条标准。

序号	10 条通往成功之途标准
01	每一个人都应该在他要经营的领域获得充足的经验之后，再开创自己的事业，除非你真的等不及了。
02	无论你有多强的能力，如果没有通过经验的洗礼都伴有较大的风险，保持一颗谨慎行事的心会大大降低风险。
03	精通某事并不意味着你有能力带领他人达到同样超群的水平，量力而行或让团队不断进步成长方为上策，把自己放置在最合适的岗位上。
04	一个人有了 5 年，最好是 10 年的经验，并且准备好充足的资金，尚可考虑开创自己的事业，这并不是畏缩、恐惧的表现，而是想做一番大事业就得这样要求自己。

续表

序号	10 条通往成功之途标准
05	一般来说，不提倡向别人借资金，除非一个人能力出众，或者机会绝佳，抑或是相对安全的小本生意，而且风险已经降到了最低，因为债务同样会拖垮你的事业或者毁灭你的进取心。
06	在复杂、变化的局势面前，静观局势胜过不知深浅便贸然下水。
07	多辛苦打拼几年，更知晓稳妥的宝贵，更容易成功，不要让"老手"变"新手"。
08	不要让没来头的冲动念头说服自己，放弃安身立命的薪水去开创自己的事业。
09	不要被自己做主的表面的独立和虚幻的"荣耀"蒙蔽了双眼，因为从亿万富翁到扫厕所的，没有一个人是绝对的自己的主人。
10	不管一个人在商界的职位有多高，他永远不能达到随心所欲地做一切事情的境界，在他地位和成就的背后永远有你未知的东西。

因此，你要做真正聪明的成事者，而不是做只图一时之快的鲁莽者。

聪明的人多半像月亮，低调地散发着光芒，而不像太阳那样熠熠发光。在这句话里面，它包含了一个关乎成就大事的秘诀，低调并不等于自己没有能力，反而是熠熠的光芒在紧紧围绕于你，而你要做的就是抓住时机，一鸣惊人。

如何去界定自己的能力达到了何种程度，什么时候叫作抓住时机呢？我们可以通过"他我检测"效应来获得参考意见。

如果至少有五六个头脑冷静的商人，熟悉你也熟悉你想从事的行业，他们都赞同你开创自己的事业，就可以考虑。若不然，你就等到你能说服他们你已胜券在握的时候吧。

如果你不能向见多识广的同行证明你有能力和条件，已经具备开始这个认真的举动，那很可能是你并不能胜任，也没准备好放弃原来的工作，接受这个自己做主，领导自己和他人的机会。

多与自己的顾客和跟他打交道的人交流，这样可以获取更多有价值的东西，它们会在关键时刻起到意想不到的作用。

诸位！坐看风云起，我们发现，但凡聪明的人，他们多半像月亮，正低调地散发着光芒。

08 加薪之道，只做好自己的本分工作是不够的

在商界流行这样一条俚语："一切不是取决于你的老板，而是你自己。"

美国实验心理学家纳撒尼尔·C.小福勒曾讲过两则发生在职场里的故事：

玛丽·史密斯，这并非她的名字，但这将成为其名字。她之前在一间制造工厂当一名初级速记员。她的职责限于听写，然后用打印机输出来。当然，她有两只炯炯有神的眼睛，时常细致地观察生活。

公司的总部在一幢高大的办公楼里，在每一层，都有一个邮件槽，这些信件每个小时就收集一次。公司多数的信件在早上整理好，其中大部分在中午准备投递，只有很少

的部分才在下班时发送。

在另一个城市，有一个大型的分公司。如果邮件在中午投递，就能赶上西铁火车，在翌日下午早些时候就能送到。如果投递晚一点，就只能赶上从远道而来的火车，第二天就不能送到目的地。玛丽女士发现了这一点，在其职限之内，她要求信件在中午之前必须投递。

这样做的好处是不言而喻的。

公司老板获悉此事，从这以后，她就一跃成为办公室受人瞩目的员工，时至此时，她已成为速记部门的主管及经理助理，享受着 2000 美元的薪水。

约翰·史密斯，这也并非他的名字——几年前，他还是批发商手下的一位低级职员，他也是一位善于观察，处处留心之人。某天，因工作之需，他在邮局等待。在这期间，他没有呆呆地望着街上熙熙攘攘的人群，而是从一个窗户探出头来，看着对面的邮箱架。他注意到，一般大小的信封被立即投放进了邮箱内，而那位急躁的邮递员则把一些大号的邮件放下，因为这些信件并不能投进邮件接收箱，也不易与一般大小的信件捆在一起。

约翰进一步研究，发现这些大号的信封被晚点投递的情况是家常便饭，不如那些一般信件之神速。他把这一情况告知老板。

这件事看上去不值一提，却让约翰在老板心中烙下了深刻的印象。后来，他升任员工主管。

老板希望你能准时上班，尽职尽责做好本分工作。为此，他要为你支付一定的工资。他并没有要求你再进一步，而绝大多数员工也不会再进一步。

上述几位员工，在工作之时，充分运用自己的智慧，善于观察，发现一些对公司有益的东西。这可能是很小的举措，或是重大的改进。但这却使他们跃出平庸之列，踏上成功之途。

仅做自己需做或是被告知之事，只能勉强过活。主动出击，多做分外之事，才是升擢与高薪之途。这也是纳撒尼尔·C.小福勒给年轻人的一份忠告。

其实，我们只要细心观察或回想在职场上的加薪经历，就会发现一个不成文的规律。坚守岗位，做好本职工作的人，他们大都是安稳的；坚守岗位，既能做好本职工作，又能做之外与其相关事宜的人（当然不是越界操作或违规），他们大都加薪很快。这主要是因为在职场上危机四伏，说不定哪一天你就为你的老板解决了棘手的问题。

事不关己，高高挂起，固然有其安全的一面，但在完成本职工作后多做一点，未必是坏事，前提是本职工作没有纰漏，又能发现与之相关工作的纰漏，加薪的机会将大大增多。这样的要求并不是希望你做一个"多管闲事"之人，而是让你成为一个在公司业务环节中不容忽视的一个人。为此，你需要不计较一时的报酬值多少，今天少得到的，未来会加倍得到。

而上述之内容恰恰是很多年轻人鄙夷的。

发问就是让你的大脑进入投射状态，它是你对现实或当下乃至未来，当然也包括过去的思考，然后你会主动联系上它们，最后形成你的思考结果。这个结果将指导你行事。

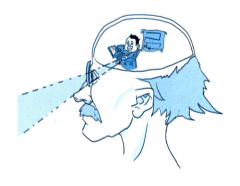

"为什么"三个字是最有效的让人思考的暗示之语。这种发问的投射模式会让人思考当下，继而对过往、对未来形成改变之动力源。一个有效的发问是透向深层次的大脑能动性发挥。而我们作为人天生有这样的能力。

为什么做了那么多年，薪水还是没有增加？

为什么本职工作没有任何纰漏，你还是停滞不前？

为什么在一家公司做了很多年，你还在那个较低的层次？

……

因为在众多加薪之道中，你做了尽自己的本分工作这一条，但是，你仅做了这一条！

09 那些有才华的人为什么会失败

下面我引用的这篇文章，可能是你感兴趣的。

许多有才华的人会失败，这是为什么？美国哈佛商学院 MBA 生涯发展中心主任士·华德普与提摩西·巴特勒博士，曾受命协助那些明明被看好却表现不佳，甚至快要被炒鱿鱼的主管。

那么，什么样的行为模式会成为致命缺陷，严重地阻碍职业生涯？华德普与巴特勒归纳出以下职场缺陷的行为模式：

无条件地回避冲突。这种人一般会不惜一切代价避免冲突。其实，不同意见与冲突，反而可以激发活力与创造力。一位本来应当为部属据理力争的主管，为了回避冲突选择沉默，可能被部属或其他部门轻视。为了维持和平，他们压抑感情，结果，他们严重缺乏面对冲突、解决冲突的能力。到最后，这种解决冲突的无能，蔓延到婚姻、亲子、手足与友谊关系。

强横压制反对者。他们言行强硬，毫不留情，就像一部推土机，凡阻挡其去路者，一律铲平。因为横冲直撞，攻击性过强，不懂得绕道的技巧，结果可能葬送自己的职业生涯。

天生喜欢引人侧目。这种人为了某种理想，不懈奋斗。在稳定的社会或企业中，他们总是很快表明立场，觉得妥协就是屈辱。如果没有人注意他们，他们会变本加厉，直到有人注意为止。

过度自信，急于成功。这种人进入大企业工作，他们大多自告奋勇，要求负责超过自己能力范围的工作。结果任务未完成，仍不停止挥棒，反而想用更高的功绩来弥补之前的承诺，结果成了常败将军。这种人大多心理上缺乏肯定，他们必须找出心理根源，才能停止不断想挥棒的行为。除此之外，也必须强制自己"不作为，不行动"。

被困难"绳捆索绑"。他们是典型的悲观论者，采取行动前，他们会设想一切负面的结果，感到焦虑不安。这种人担任主管，会遇事拖延，因为太在意羞愧感，甚至担心部属会出状况，让他难堪。这种人必须训练自己在考虑事情时控制心中的恐惧，让自己变得更有行动力。

疏于换位思考。这种人在通电话时，通常连招呼都不打，直接切入正题，缺乏将心比心的能力，想把情绪因素排除在决策过程之外。这种人必须为自己做一次"情绪稽查"，了解自己对哪些感觉较敏感；问问朋友或同事，是否发现你忽略别人的感受，搜集自己行为模式的实际案例，重新演练整个情境，改变行为。

不懂装懂。工作中那种不懂装懂的人，喜欢说："这些工作真无聊。"但他们内心的真正感觉是："我做不好任何工作。"他们渴望年纪轻轻就功成名就，但是他们又不喜欢学习、求助或征询意见，因为这样会被人以为他们"不胜任"，所以他们只好装懂。而且，他们要求完美却又严重拖延，导致工作严重瘫痪。

管不住嘴巴。有的人往往不知道，有些话题可以公开交谈，而有些内容只能私下说。这些人通常都是好人，没有心机，但在讲究组织层级的企业，他们只会断送职业生涯。

怀疑自己的决策到底对不对。这种人总是觉得自己失去了职业生涯的方向。我走的路到底对不对？他们总是这样怀疑。他们觉得自己的角色可有可无，跟不上别人，也没有归属感。

总觉得自己不够好。这种人虽然聪明、有经验，但是一旦被提拔，反而毫无自信，觉得自己不胜任。此外，他们没有往上爬的野心，总觉得自己的职位太高，或许低一两级比较适合。这种自我破坏与自我限制的行为，有时候是无意识的。但是，身为企业中、高级主管，这种无意识的行为却会让企业付出很大的代价。

非黑即白看世界。这种人眼中的世界非黑即白。他们相信，一切事物都应该像有标准答案的考试一样，客观地评定优劣。他们总觉得自己在捍卫信念，坚持原则。但是，这些原则，别人可能完全不以为意。结果，这种人总是孤军奋战，常打败仗。

无止境地追求卓越。这种人要求自己与部属"更多、更快、更好"。结果，部属被拖得精疲力竭，纷纷"跳船求生"，留下来的人则更累。结果离职率节节升高，造成企业的负担。这种人适合独立工作，如果当主管，必须雇用一位专职人员，当他对部属要求太多时，这位专职人员可以直言不讳地提醒他。

> 有才华并不等同于成功，这就跟努力并不代表一定能成功一样。因此，有才华之人更需要锤炼自己的内心世界，因为在专业、技能方面，他们几乎是无可挑剔的。

除了上述几种情况外，还有一条也很重要，那就是择业。不适合你的职业同样会影响你才华的施展，甚至可能让你一生都碌碌无为。罗杰·阿卡姆曾说过的一段话便是最好的证明。他说："一些人想变得富有，而清贫对他们有益；一些人更适合做马车夫，却渴望在法庭工作；一些人连自己都管理不好，却渴望成为指挥官；一些人应该学习，却渴望教育别人；一些人更适合做职员，却想要成为牧师。"

由此可见，在选择你的职业之前，应先研究该职业的性质以及关于它的所有细节，了解这个行业的发展趋势。具体来说，它是充实生活，提升个人气质，改善性格，使人们变得更好，还是容易使人变得更坏，扼杀发展，彻底地压制人们的自我表现能力呢？

两幅图是一样的，不同的是位置发生了变化，
当它们调整好自己，就能完美地重合在一起了。
才华与成功同样如此，只有两者相遇并重合了，
你的才华才会发挥出巨大的价值。

　　换句话说，这份工作是使人变得更高大还是更渺小，是否阻碍人的发展，是否使生活空间变窄。这些比较式的问答将有助于你对职业做出正确的选择，也是我们必须面对的非常重要的问题。更重要的是，合适的职业是你走向成功的关键所在。

　　　　你的成功要么是你进入了适合你发展的环境里，要么你强大到光芒四射，或者你拥有了能让你成功的诸多条件。但是，一个明明有才华的人没有成功，他一定是把利于他的条件对立起来了，让自己处于矛盾的对抗中，他与怀才不遇有着明显的区别。

　　正如爱默生曾说："找到合适位置的人就像是水中的船，除了一个方向，他在其他任何方向都会遇到困难和障碍。在这一方向没有障碍只有顺流，他会漂浮在更宽阔、更深的航道，终能汇入无尽的海洋。"

10 办公时间，请全身心投入

　　无论你在公司担任什么职务，某种程度上你都代表公司。如果你在公司长期倍感陌生、孤独，是不会用心投入工作的。就现实的一些状况而言，不少人会认为，职务的高低或价值的大小决定自己在公司的用心程度。我见过在公司里无所事事之人，就算在办公期间，你也会看到他清闲自在。我们可以说他心态好，劳逸结合；也可以说他在应付了事。总之，他看起来没有将自己融入办公时间里。

　　大多数打电话咨询的客户或是直接拜访公司的客户所接触到的并非各部门的领导，而是那些文员、销售员……甚至有些时候，客户接触到的只是实习生。如果与客户直接沟通的员工无法恰当地传递老板或者公司的政策，那么对公司及他个人都难免会带来伤害。因此，许多公司会设置专门的接待处和接待人员，就是为了避免这样的状况发生。

抛开业务能力不谈，因为业务能力可以培养、提升。许多商界人士、公司领导都知道发展新客户和维护老客户不能完全依靠公司领导的才能或者公司的声誉，还要依靠员工们的精神面貌和实际行动。前者固然能为发展、维护客户提供便利条件，后者的作用有时可能超过前者，因为它代表着一个公司的活力与前景。没有人愿意与一个死气沉沉的公司保持长期合作。员工们扮演着处于老板与客户之间的角色。如果领导能让员工明白这一点，在肯定员工付出的价值条件下，员工的主人公意识会更加明显。

我们必须认可的一种事实是：客户通常会根据他们对业务代表的印象来决定是否与这家公司建立业务关系。作为一名员工，你可能有机会单独接待来公司拜访的客户或者回复打电话咨询的客户，你留给他们的印象好坏决定了公司能否与这些客户建立业务关系。因此，你要代表公司去处理与客户的合作事务。

当有客户来公司拜访时，看到员工都很忙碌地工作，有人暂时停下工作有礼貌地接待他，其他人继续工作，这样必然会给客户留下一个好印象。反过来，如果员工们都在闲聊、吸烟、嚼着口香糖，不工作，那么客户难免会觉得他在这家公司没有受到应有的招待，或者因公司氛围而拒绝合作。

> 个人形象会在不同的场合里发生变化，因此，你的形象要符合你所处的环境。好的形象是建立联合合作的开端。如何建立好的形象？简单来说，就四个字：投入力度。

因上述现象导致错失订单，真会追悔莫及。想要挽回损失，公司需要花费大量的精力。而这样的精力或许足够去签订下一单了。

公司不是社交场所，而是商业场所。这并不意味着你没有权利和同事偶尔开个玩笑，或者讨论一下最新话题，一起度过一天的时光。但工作是第一位的，永远不要因为个人的私事耽误了工作。

记住一点：认真工作的氛围造就了最终的获益。

> 朝气蓬勃永远是获益的动力源之一。

我们可能有若干个理由说服自己没有必要那么辛苦地工作，也没有必要为了工作而失去自我。但只需懂得一个道理就能打消这样的想法：你是否愿意晋升，从而获得更多的机会，然后使你的价值得到更多的体现？

用心工作的人会有很多理由：家庭压力、个人生存压力……给自己施加压力，努力工作。但这些或许别人不会知道，也可能不会去关心。但你对工作的热忱不应该有任何借口。上班的时候虚度光阴是你事业不成功的最基本表现。一旦被老板发现，被解雇也是不足为奇了。

即使没事做的时候你也可以保持忙碌，你可以整理票据或商业文件，或提升专业能力，或者重新布置仓库……也就是说，不必做的小事很多，但是你可以让它们变得更好。

即使没有任务也会自己找工作，保持工作状态的职员很快就会晋升。而那些虚度光阴的人永远不会成功，甚至可能失去自己现有的工作。

请不要抱怨自己为什么工作很多年，还是停留在原地。很多时候，是自己投入的力度不够。浅尝辄止是忌讳，消极应对更不可取。

所以，办公时间请全身心投入吧！在机遇面前不积极把握，为自己找借口的雇员不仅不会得到提升，也没有资格胜任任何职位。

11 下班时间，我们还能做什么

在公司工作了很长时间，真的很累了；

在公司完成了自己的工作，下班后的时间都是属于自己的；

公司不是我开的，我没有必要在下班后还要为公司服务；

……

我们有千万个下班后什么也不做的理由，却很难有一个下班后我愿意为公司去做些什么的理由。因为，我们总是站在权利这边。

没有哪个雇员喜欢在工作之余被打扰。因此，单纯从法律视角上看，雇员可以自由支配下班后的时间。这是属于他的自由时间，他有权利按照自己的想法安排活动。他可以有足够的睡眠时间，或者做其他事；他也许会沉浸于一种伤害自身，毁灭前途和破坏友谊的消遣中；或者读书、学习，再或者玩乐。

无论在法律上还是道德上，老板都没有权利支配雇员的非工作时间。这句话一定会受到许多人认可。就这一点去采访职员，我们会发现一种现象：大多数年轻人都把自己的个人权利看作是至高无上的。他们讨厌被打扰，并且骄傲地捍卫着所谓的个人权益。

想想也有一定道理，看看他们早上迅速赶到公司，直到下班后才离开的场景吧！他们会认为自己已经很尽职地在为公司工作了。如果闲暇时间仍然处于工作状态，他们会觉得自己，也应该有提出要求和期望的权利。

这都是合乎情理的，也是我们应该争取的。

但是，我们也得考虑这样一个事实。现实中，很多时候老板与公司职员的地位是不对等的。他会利用老板的身份使用一些权力。这一点，我们具体来分析一下：可以这样来解释老板的权力实际上并没有明显的界限。我们认可雇员在非办公时间老板无权支配。但是，如果他不满意，无论事情发生在办公时间还是非办公时间，他仍然有权解雇某个员工。也就是说，老板期望不仅是雇员的上班时间工作，同时他也有权利期望雇员在工作中有最佳表现。

很多人会因此大声发出质疑，并质问：平等何在？我的权利如何捍卫？

是的，这都是合情合理的。老板不能为所欲为，就算他是上帝也不可以。如果一个雇员对工作尽职尽责了，同时他也没有做任何有损公司形象的事，那么他的老板就没有权利打扰他的生活。这时，职员可以提出抗议，也可以利用法律途径解决。

我们再来说说"熬夜族"。"熬夜族"不能在工作的时间尽职，也无法对他们的工作尽责。他们在合约签订的工作时间内，根本不能有效完成工作。因此，我们会就此引申出一个深层次的问题：任何形式的放肆的消遣，真的不会影响工作效率吗？

不会合理利用休息时间的雇员，也不能在工作中最大限度地发挥潜能。因此，老板有权利要求雇员在业余时间所做的活动不影响他们的工作。

许多年轻人太注重自身的感受，在他没有为公司做出任何有价值的事前，他们依然如此。所以，我们会看到他们牢骚满腹、抱怨冲天，他们不停地更换工作，最后一事无成，剩下的就只能去啃老度日了。青年时期应该努力实现自身价值的黄金期就这样一天天过去了。

雇员有权利在自己的休闲时间里玩乐，但却没有权利在工作的时间里休息。在法律和道德上，雇员都没有权利因为自己过度的消遣而在上班时偷懒，那样他也不会得到现有的职位，也不会晋升，除非他在工作中的表现异常突出。

我并没有让任何人放弃或牺牲个人权利，但是我要告诉雇员，只有在工作和生活中表现最佳的自我，才能得到用武之地。你不可能什么事情都做成功，因为你的能力有限。

　　在能力范围内多做一点是在为自己的未来做打算，也会增强你的抗风险能力。

只做自己喜欢的事是一种慢性自杀行为，而这种行为会抹杀你的健康、前途。

只做职责范围内的工作是一种惰性习惯，而这种习惯正在一点点地消磨你对工作、生活的热忱。

下班时间，我们还能做什么？可以做的事有很多，只要你愿意，只要你有一颗上进的心就可以。

12 别和常喝醉酒的人在一起

"过度饮酒，不宜健康"，所有酒的包装上都印着这八个字。如果过度饮酒的危害仅仅停留在自己的健康上，那么还好，但是过度饮酒往往会危害其他人，造成许多大家都不愿意看到的事故，这就麻烦了。我不知道过度饮酒有多少种情形，但我知道经常喝醉酒的人一定属于此类，我们应该远离这类人。

别和常喝醉酒的人在一起，这是一条看似简单却难以执行的忠告。因为，在远离醉酒人这条道路上总是困难重重，这就需要一定的技巧，否则的话，你远离他们比接近他们的危害还要大。当然，这也有个前提，那就是自己并不是一个常喝醉酒的人，不然，一切想法都是无稽之谈。

先来看看醉酒的危害。不管什么酒，都含有酒精，而酒精摄入过量除了影响人体器官的机能外，还会影响人的思维——原本合理的东西突然觉得不合理了，原本不可理喻的事也觉得情有可原了，原本不敢签的合同突然一下子爽快地签字画押了……过度饮酒的危害数不胜数，这些例子简直就是九牛一毛。

酒逢知己千杯少，这句话不是说你和醉酒的人在一起就彼此是知己了，千金易得，知己难求，世界上哪有那么多知己？酒这种东西，就是毒药，多喝是毒，少喝是药。

让我们看看那些醉汉的百般丑态吧！有的人像流浪汉一样蜷缩着身体醉倒在公园的长椅上，这还不算丑，丑的是第二天他醒过来的时候，发现阳光明媚，清风习习，一大群人正围着自己。忽然，他觉得这样的天气有些冷，不由得抱紧了肩膀，这才发现自己一觉醒来只剩下一条内裤了，只得打电话向朋友求助，又发现电话也不在身旁，那就只好哀求围观的群众借电话使使。而这些看热闹获取乐趣的无知群众这时候突然变机灵了，反复怀疑他是不是骗子，最后，只有那么几个怀揣着价值数十元的老人机的人愿意借电话给他，并且约定好时长控制在59 秒以内，超过一秒都不行。

试想，假如你正好接到这样一个朋友打给你的求助电话，宅心仁厚的你怎么忍心置之不顾，便带了衣服悻然前往，心里祈祷着争取能在明天的报纸上出现一个好人好事的报道。结果还没等到明天，你在微博上出名了，并且，配上了你给你朋友穿衣服的图片。

只不过，文字与你所想的内容有所偏离，说是"无良市民居然狠心夺走流浪汉衣物，导致流浪汉衣不蔽体，有图有真相"。这时，你大叫不好，赶忙打电话求朋友帮忙澄清，而这个时候朋友告诉你："我去澄清的话不就等于承认了自己就是那个喝醉酒被人偷得只剩内裤的傻子吗，那岂不是天大的笑话。"于是，你无耐望向天空，脸上有泪滑过。

如果你实在想出名，而且，性格里有着天生的反其道而行之的叛逆精神，那么，直接到一个又一个酒吧去宣传"喝酒伤身，禁酒无罪"之类的口号，这样远比去跟那些常喝醉酒的人打交道更行之有效。

而情场上那些常喝醉酒的人更是老虎的屁股摸不得，"酒后吐真言"那句话更是信不得。如果实在需要反驳，那就是你总不能说那些酒后实施家暴的人，其实是心底里一直都想家暴吧。如果经常喝醉，哪还有时间经营感情，感情刚刚有点起色就出去喝一通，喝醉了回来大吵一架，感情又糟糕如初了，此为一点。另一点，即便这样的感情在风风雨雨里勉强撑到了组建家庭的份上，那么，一个经常喝醉酒的人——

怎么可能认真地支撑这个家？

怎么可能管理烦琐的家务？

怎么可能照顾爱人和小孩？

......

> 从某种角度来讲，所谓的酒文化正在毁掉我们的成事能力，甚至干扰我们的理智判断力。

最后，两个人实在过不下去了，分手时对方还会一脸无辜地告诉你："其实，我本来就不想和你在一起的，是因为那次喝醉了才……"到那时候，你做什么都无济于事了。

事实上，和常喝醉酒的人在一起的危害远不止这些。看看交通事故吧，近些年来已经发展到了没喝醉酒都不好意思制造交通事故的地步，要是你和这些人走得太近，说不定哪天你就搭着他的车在路上发生意外。

再有，你和这类人做生意，签了合同，人家突然你来一句："签合同的时候我喝高了，这个不作数。"并且，人证物证俱在，都能证明他确实喝高了，到时候就算官司打到法院都不好处理。还有更甚，如果你和这类人共事，那只能再次"恭喜"你了，到时候，你会发现你的小伙伴有事没事喝了酒到其他地方去签个不平等条约，小伙伴当时很淡定，但在酒醒之后你和你的小伙伴就要惊呆了。你掉坑里了。

还有，你和你这位很能喝的朋友一起出去，路上碰到一起合作的客户，客户看见你朋友醉得不省人事的样子，立马脸一黑，招呼都不跟你打就走了，留着你在那里半天说不出一句话……

看看这些，你还有什么理由继续和那些常喝醉酒的人在一起？你还有什么勇气继续和他们在一起？在我看来，和常喝醉酒的人在一起，常常会被误认为是自暴自弃。而且，和他们在一起还有一个更坏的结果，那就是近朱者赤，近墨者黑，看多了海绵宝宝也就变成海绵宝宝，到时候你也变成了他们。到时候，你的家人恐怕将你赶到街上的长椅和绿化带去了。

当然，我这里并不是一味地反对喝酒。就像我前面说的那样，酒是毒药，多喝是毒，少喝是药。酒是没有错的，错的是那些滥饮无度的人。别人的错误我们无法改正，但是我们可以远离那些错误，避免自己走上那条道路。所以，趁现在，离开他们，在你成为他们或者为他们的错误埋单之前。

13 有前途，才会有钱可图

有人曾说过这样一句话，"成功并不取决于你在银行的存款，而在于你自身所拥有的资本，在于你为人处世的能力以及工作之时所发挥的潜能"。我甚是认同。

我们若能很好地完成上司布置的工作，那么，上司一定会很满意的。因为这份满意，你的自信将得到提升。同时，公司也是锻炼你解决实际问题能力的学校。这样可以强化你的心智，锻炼并发展你的智慧。

若是一个人只是单纯地为薪水而工作，没有更高的追求，那么，他就是一个不进取的人。这样的人只是在不断地自我欺骗，当一天和尚撞一天钟。在多年之后，他的能力仍在原地踏步。

工作之时，你投入的程度将决定你工作的质量。为此，我们要养成一种做到最好的习惯，绝不接受完成一些低级或是不及格的工作。如果你能做到这一点，将对你的成功起到不小的促进作用。

工作之时，我们可以获得解决问题的能力，收获宝贵的经验。如此看来，公司给予你的物质回报便显得很渺小。因为，公司给你的是金钱，而你通过工作得到的却是宝贵的工作经验和人脉，良好的锻炼以及行业空间。

人生很重要的一个问题是自我释放与品格的构造。那些纠结于薪水的问题压倒了本应获得的经验，取而代之的只是一些卑劣的工作。这种做法多么目光短浅与狭隘，简直就是对自己应有的利益熟视无睹。

薪水就像一块面包，为了这块面包我们费心费神。而获得更多的工作经验，这块面包的获得将会容易得多。所以，薪水不在你的口袋里，也别为面包和牛奶的问题而纠结。

不要担心老板不知道你存在的价值，尽量让自己努力工作吧！若他正在找寻一些高效的员工，那么，你就是他需要的员工。其实，这就是双赢的结果。

我们时常看到一些聪明的年轻人，他们也许在几年之内，薪酬都是很低微的，但有一天，他们突然像变魔法一样，获得了一个重要的位置。原因何在呢？其实很简单。虽然公司付给他的薪水并不高，但他们却以满怀热情与高度的责任感去完成工作，并对行业未来有更深入的洞察力，为公司提供了极具预见性的建议，而自己的能力水平和待遇水平也因此得到质的飞跃。

许多年轻人只因为自己未能获得期待的薪水，就故意将一些本应承担的责任给抛弃了。因为他们要与上司讨价还价。他们故意采取一种得过且过的工作方式。这样，他们是在限制自我发展，让自己的职场平台变得更加狭窄。不知不觉中，他们的心胸再也容不下金钱以外的东西，进而在职场渐渐迷失。

他们的领导力、创造力、预见能力、解决力、想象力以及职场需要的所有素质的培养和提升，都会因此而阻滞，而一心想要与公司"讨公道"，或是因为没有获得满意的薪酬而提供劣质的服务，这无疑是在扼杀自身的前途。他们三心二意地工作，始终不能保持健康的心智——让自己变得渺小、短视与软弱，而非强大、健壮或是圆满。

当你获得一份工作，只需想想工作实际上是为自己打拼，是在为完善自己而付出，尽量获得多一点薪水，这样的想法应该是我们考虑的"一小部分"。实际上，当你获得了去一家大型企业工作的机会，就是获得与那些踏实做事的人接近的机会。通过眼见耳闻，你扩充了自己的知识面。无论以后去哪里，这些知识与经验都是无价的。

下定决心，将自己的创造力、解决问题的能力运用起来，寻找一些新颖与高效能的做事方法，你将不断前进，与时俱进。你将以一种热情四射的精神状态去工作。你将会惊讶地发现，自己很快就会受到上司的赏识。

世界上最渺小的人，是那些只为薪水而工作的人。你所拿到的工资是相当渺小的，也许这只是刺激你去工作极为低等的动机而已。这些工资可能会维持你的生计，但你必须要用一些更为高远的追求去满足自己。

这就需要你有一种正确的认识，无论如何都要做好自己，认认真真地做好眼前的每项工作。你应该大声地说："相比通过工作获得的知识与经验，那个只为面包与牛奶而纠缠的问题，是相当无足轻重的。"

认 知 升 维

成事的硬核术

01 如何对事情做出深刻判断

很多人都有这样一种想法，如果我是有钱人，哪里还需要吃苦。

其实我们身边这样的人有很多，但你没发现的是，越是这样想的人，生活状态越不好。许多事都是不承受就无法超越，不经历就没有思想的升华。不受苦，就无法超越苦的本身。

有人会说，人活在这个世上就够苦的了，能不受苦为什么还要去受苦。这话乍听上去很有道理，但也只是为自己的懈怠找了一个理由而已。有的人起点就是别人奋斗的终点，这样的人也许会比一般的人免去一些苦难，但也必将比一般人承受更多的痛苦和艰难。在每一个不同的成长阶段，有意识地去承受该受的苦，从来都不是一件可怕的事。作为父母，我们害怕孩子受苦，就尽最大努力去给孩子创造良好的生活条件，我们害怕孩子走弯路，就以自己的经验为方向去指引孩子成长的道路，以为这样就是对孩子最大的负责，可以让孩子将来免受很多苦。但在这样一个网络时代下成长起来的孩子，不经历一些挫折，成长的速度反而会更慢。

网上曾报道过这样一件事，一名身体健全的三十岁男子，十年时间里从未上过班却吃喝不愁，每天还有零花钱打麻将。而他的家庭条件只能算过得去，但因为这个男子是家里的唯一"传人"，家中父母对他从小就十分溺爱，以至于三十岁了连衣服都不会洗，毫无生存技能，父母过世后，他只能轮流在两个姐姐家中寄居，最终因为长时间的游手好闲被两个姐夫赶出了家门。

每个人都会犯错，也会经历突如其来的痛苦。正如孩子的成长，总会经历这样或那样的事，有时候在父母看来，孩子做的事是错误的，可正是这些事，也许就是孩子成长所需要的养分。他们需要的也许是父母从旁边给予的一点小小的指引。甚至在他们成长到一定年龄的时候，作为父母，还要有让他们主动去"吃苦受罪犯错误"的意识，今天承受"可控制的苦"才能承受得住或是避免明天"不受控制的苦"。因为生命就是在苦难中不断成长，最终为自己找到出路。

抗拒受苦会使苦难的过程更加漫长。但当有意识地去接受它，痛苦就会在我们的努力下变得不再可怕，所有的苦难都会化成一股强大的力量。受苦的过程也是思维升华的过程，直到自醒自知自觉。

2020 年 6 月，一段独臂篮球少年的视频火爆网络。视频中，那名年仅 13 岁名叫张家城的男孩运球行如流水，不断地在胯下运球和背后运球切换，动作自然、流畅。有网友说，单看动作一开始根本看不出这是个独臂少年。5 岁时，因为一场意外他失去了右臂，遭遇不幸的他并没有放弃自己。2018 年高村镇政府举办了免费暑假少儿篮球培训班，第一次接触篮球的张家城从此爱上了这项运动。他每天起早在学校操场上练球，放学回家后，在狭小的房间里练习运球、投篮。功夫不负有心人。在不到两年的时间内，只有左臂的张家城球技日益娴熟。张家城打球的视频火了之后，NBA 全明星后卫利拉德也前来点赞并夸赞了他的运球，球迷熟悉的 NBA 球员"鞋王"塔克也送上祝福："继续坚持，年轻人！"张家城的回答很简单、很朴实："要么放弃，要么努力！"

即使没有健全的肢体，张家城也没有自怨自艾。他更关注的是调整自己的意识，努力适应并克服这份困难，这种觉悟的过程使得他自醒自知自觉，最终超越了苦难本身。

很多时候，我们无法改变这个世界，那就改变自己。我们的意识也是这样的，在没有自醒自知自觉之前，往往是浑浑噩噩的。好比母胎中的孩子，脑海中的意识一片混沌，直到出生以后不断成长，慢慢地本能开始变成了有意识的喜好，最终形成了色彩斑斓的内心世界。而我们要做的就是有意识地去寻找、挖掘自己的不同。

在挖掘的过程中，找到自己的不足，并积极做出改变，就是自醒自知自觉。也许这很难，因为人能够产生真正的自我认知和深刻的自清自明，它是需要足够的积累的。也许会在一瞬间顿悟，也许是经历很长的茫然和困顿之后。但只要去主动挖掘，随着不断积累，就会慢慢发现自己不同，在发现的过程中也在不断地进步和改变。

如果在自醒自知自觉的基础上，能够做到准确预判，那就达到了最高境界。而这样的人在苦难降临之前会有充分的心理准备，不至于手足无措。

这就是说，对事情做出的预判与他的人生苦难和自醒自知自觉有着莫大的联系。许多初出茅庐者是无法对事情做出深刻判断的，即使他有很强的逻辑思维，凭借智慧的大脑，对事情做出判断的深刻程度是无法与成熟者相比拟的。我不是要诋毁前者，也不是完全否决他们的能力。初生牛犊不怕虎的精神和能力让人敬佩，但成事者都是从稚嫩到成熟的蜕变造就。我也不是要前者裹足不前，对于事情判断不妨多请教一下前辈，再结合自身的处境，我相信在这种前提下做出的判断会明智得多。

对事情做出深刻的判断，还要求你不是一个懒惰的人，诚如前文所说，懒惰者往往都是依赖他人者，他们缺乏主动的思考，并且思考的层面也是肤浅的，无法达到问题的核心点。我们想想，是什么让这样的人停留在问题的表面呢？因为惰性，他失去了自我，自然就失去了他作为思考的主体的地位。于是，他容易为假象所迷惑，也受之于外界的干扰，甚至他人的建议。

没有哪个人一开始就能对事情做出深刻判断，深刻的判断取决于他先天的能力以及后天的成长。就像一棵树苗，最终长成参天大树那样，成为一棵能抵挡风雨的茂盛的树。

因此，真正的成事者在对事情做出深刻判断的同时，他不会摒弃他的智慧、他内心的真正想法，反而会权衡利弊，最后做出一个"正确的判断"。即便这样的判断导致他失败了，但下一次他不会了，因为他因此次经历获得了成长。

02 怎样才能看清问题的本质

怎么进行自省，并让自省深层次地传递，这是人在进行自省时不可回避的一个问题。

自省必然要经历一个过程。外界的信息大都充满了虚假、欺骗、粗糙等因素，而内在的东西则经过了一个去伪存真的沉淀。比方说，你以往只记得自己做过什么，有过什么样的行动。但是当你自省之后，你会清楚地发现自己为什么那么做，那么做的目的和意义是什么。

每个人都会遇到一些悲伤事，很多人往往沉浸在悲伤之中，忘记了思考背后的原因。有个女士在每次伤心的时候都会给朋友打电话倾诉，长此以往，朋友有点不耐烦了，就问她，你伤心的时候才会想起我，到底是因为我能够让你悲伤减少一些还是你自己太脆弱了呢？

朋友的话让她开始思考到底是什么原因，让自己总是容易陷入悲伤之中无法自拔，为什么总是在伤心的时候忍不住想要找人倾诉。经过自省之后，她终于意识到，是因为她害怕孤独，没有人能够理解她。看上去她只是找人倾诉自己的悲伤，但真正的原因是她是一个害怕孤独、渴望有人理解的人。

还有，我们在逛商场时，商品的导购总会夸奖你身材好、皮肤好、长相好、气质好，总之，你拥有最完美的形象。而她们这么做无非就是推销商品，能够完成自己的销售任务。自省是具有深层次穿透力的表达，能够让你看清一个人的行为动机。也因此，我们可以通过自省来提高思考事物的深度和洞察力。

有位先生在院子里拔草，劳累时坐在地上休息，看着地上的草直叹气，这些草一点用处也没有，要是没有这些草该多好，院子里肯定干干净净、漂漂亮亮的。

一阵大风吹来，几株小草被风刮起来带着些许泥土吹到了他的脸上，而泥土恰巧落到了他的嘴中。当他吐掉嘴里的泥土后，才发现被刮飞的都是他刚刚拔掉的那些草。一株没有被拔起的小草笑了，说："虽然我们看上去一点用没有，但是我们可以让风吹不起沙尘，在下大雨时防止水土流失，我们经过修剪后也能够变成很漂亮的草坪，增加绿化面积，让环境变得赏心悦目，我们是非常有用的。"先生听后，心中顿悟，重新拿起工具开始对院子里的小草进行修剪而不是拔除，最终将院子里的草修剪成了草坪。

"不识庐山真面目，只缘身在此山中。"很多时候，不管是生活中还是工作上，总会碰到让人心烦和迷茫的事情，弄不清楚到底是怎么回事。这是因为人在面对问题时，总会依靠惯性去思考问题，看不清问题的本质。如果跳出来，站在更高的角度去审视问题，就会找到解决问题的方向。

当方向明确了，解决问题的出路也就出来了。而抛弃惯性思维就是达到这种境界的有效途径之一。当然，看清问题硬核的有效途径并不止这一条，我们除了要知道"抛弃"这种思考模式带给你的改变，还要知道"跳出"原来问题圈层的重要性。站在问题存在圈层只能看到问题的所在，却不一定看清问题的本质，只有站在更高的圈层去看问题，才会发现问题的真面目。"坐山观虎斗"的姿势在这个时候会起到看清迷局的作用。

比如，你在思考"多久会加工资"这个问题时，按照惯性的思维模式，你思考这个问题是因为同事也加薪了，在失衡的心理下继而产生了对这个问题的思考，于是你忽略掉自身问题这一层面，而是在"公司凭什么不给我加工资"的问题上纠缠。实际上，自身的问题和公司的问题都是存在的，但无论你身处哪一个问题中，你都不会轻易想到以下问题的存在：

序号	问题内容
1	我的能力是不是就只有这个样子了，却还在高标准地要求公司给我加薪？
2	我是否适合这个岗位？
3	我执行业务的时候是不是资源配置不够，还是我的职业个性导致我停滞不前？
4	我是不是需要换个环境，或者跳槽？
5	我是不是了解这个行业发展动态、前景？

你看，思考出的问题本质是不是变多了？然而，它们并不复杂！当你跳出惯性思维，并以"坐山观虎斗"的姿势坐在办公桌前思考，你会发现，"多久会加工资"这个问题的本质就是：在商业这个环境中，很多时候就是很残酷的"先给后得"的规则，越是渴望得到更多，就越需要付出更多，这种需要正在深刻地影响你期望得到的回报。因此，你只要保证你的内职业（内在修养）比外职业（外在技能）的能力强一些，获得更高的回报只是时间问题。

公司给你一个难度系数为 10 的任务，你不但完成了，且做出了另外的成绩；给你 5 个任务你做出来 7 个，想不得到高回报都难。就算这家公司对你苛刻，另外的多家公司也会对你敞开怀抱。

站得高看得远，这句话隐含了深刻的看问题的道理。坐山观虎斗，不是事不关己高高挂起，而是跳出问题的低圈层，站在更高的圈层去看问题。这样思考的结果才是问题的根源。

所以，看清问题本质的关键在于跳出惯性思维圈层，将问题的圈层再升一层（有时候需要升得更高），以"坐山观虎斗"的姿势去看待、分析问题，一定会得到重要的答案。

03 不要以低价值销售自己

世界上一切事物皆有因果关系。如果真有不劳而获，不劳而获得来的往往一文不值。

也许超过 80% 的人都希望不劳而获，最好每天天上都会掉下馅饼，不用劳心费力就能成功。

你每月的收入是 1 万元，后来变成 2 万元，如果你的成绩和能力、资格匹配这份收入，没有任何问题。但如果你的成绩和能力、资格根本不匹配这份收入，对你来说无疑是一种潜在的灾难，这份收入也不会维持太长时间。选择与自己匹配的位置，让自己更加清醒明智，清醒的头脑会离成功更近。

　　商品的属性是让之具备使用价值和交换价值，降低了
你本来就拥有的价值就等于降低了自己创造财富的能力。
这种不匹配状态中的你工作是不会开心的，也不会得到他
人的尊重。

　　互惠互利是商业和生活的基础，失去它，再坚固的联系
也会流逝成灰。

　　没有契约精神的商业来往不会长久，同样，一个人如果
不能匹配自己的位置，终将会被无情地淘汰。你要体现出自己
的价值，让自己物有所值，物超所值。

　　在没有体现出你的价值之前，不要想着去找老板升职加
薪，没有付出没有成绩时，这一切都不要去尝试获取，因为你

没有与之相匹配的成绩和付出。

　　作为商家，无论你在销售产品还是在做广告，都不要妄想过高地溢价推销自己的产品，除非你推销的对象是傻瓜，但傻瓜能成为你的顾客吗？

　　不要去追求过高的利润，而忽略合理的价值空间。

　　成功的销售是用合理的价格卖掉你的产品，如果你获得了过高的利润，最终会失去所有顾客，如果你获得的利润低于产品合理的价值，那你是个认不清产品本质的人。

04 你也是商品，请在开口谈薪酬前确定自己具备怎样的价值

让我们暂时忘掉温情脉脉，用一种冷静的商业眼光来谈论今天的话题吧。在谈论之前，请允许我特别声明一下，我欣赏生命中一切美好的事物，不把商业凌驾于它们之上，因为真正高洁的人之所以被铭记，不是因为他们赚了多少钱，创造了多少物质财富，而是他们谨言慎行。

虽然这个比喻或是说法显得很冷血，但我们今天假设一下，从某种程度上来说，人也是一种商品，那就用一种客观的市场本质来讨论这个话题。即使这样我们也需要从纯粹的市场角度来确认自己的位置。

假如你作为一名职员，和一辆车或是一个鸡蛋都是商品，那你对于企业而言，最根本的价值就是你能为他创造多少利润。

企业的利润依靠的是物和人的统一，即产品和员工，如果无法为企业创造它所需要的价值，也就意味着无论是产品还是员工，对它而言都是毫无意义的。

无论你是谁，无论你的工作能力如何，你要把自己当作商品销售给你的老板，将最好的展现出来，体现你的价值。

如果你连自己最有价值的地方都吝于表现，无疑是对自己的不尊重，也就无法为企业带来价值。

世界上最好的交易是双方各取所需，互惠互利。互惠互利是一种最好的商业交易，你把自己当作一件商品进行销售就要展现出最好的一面，在市场上出售给企业，与企业实现双方利益最大化。

如果你把自己当作一个独一无二的商品，你是卖方市场，那么你有很大的选择权，而大多数人因为处于食物链的底层，根本没有机会和能力估算自己的价值。

有的商品广告吹得天花乱坠，也许一开始有人买，但被人识破真相后就再也无人购买了。

要实事求是，不要吹嘘自己不具备的能力或是信息。用商品的价值来衡量自己的能力，创造你的真正价值，当能力提高后，你作为商品的价格才会随之涨高。如果别人不想购买，就去找下一个，但在为自己标价之前先衡量自己的真正价值。

05 **分外之事才是加薪之途**

　　涨工资、增加收入是每个人都希望的好事，收入代表着辛勤工作的回报，如果你"物超所值"，理应获得更高的收入。

　　要想增加收入，有两点必须做到：一是你要体现出自己"物超所值"；二是你的企业有足够的能力支付你希望增加的那部分收入，而且还要保证企业是在盈利的基础上。

　　怎样做才能让企业愿意给你的口袋里多装点钱呢？先把自己的价值体现出来，让企业觉得你的能力"物超所值"，多数情况下老板是不会吝啬这份慷慨的。你也可以梳理自己的有利条件，做好判断，就能判断自己是否能够得到加薪的机会。除非你有十分把握，不然的话不要轻易向老板提出加薪，耐心等待条件成熟，寻找合适的时机再提出。

如果一切条件都成立，每一个成熟的老板都愿意给他的优秀下属加薪。如果他因为太忙而疏忽这件事，你可以勇敢地把你的表现和情况表达出来，当然要用一种客观和委婉的说话技巧，或是用开玩笑的口吻暗示他，相信你会获得一份比之前更加满意的收入。

仅仅做好本职工作虽然能够获得老板的肯定和赏识，但想要获得升职加薪的机会，就要在工作岗位之外，为公司发展进行更多的思考，表现出自己的思路、格局、能力、责任感等东西。

工作超过八小时我才不干呢！

　　如果只是按部就班地完成自己手里的工作，没有任何深入的思考，也许在长时间之后工资会获得增加，但很难有升职的可能。而做好本职工作后主动积极为企业做更多事情的人，或是肯下功夫把工作做得更好的人，才会获得更大的升职机会。有时，你干的事情也许很不起眼，老板也不会关注，甚至别的同事还会冷嘲热讽，但日积月累，聚沙成塔，你终将绽放自己的光彩。大多数时候，你的老板并不像你看上去那么简单。

　　升职加薪的秘诀之一就是充分利用本职工作的八小时之外的时间。

06 不要奢求完美，
即使有也不属于你

社交生活和工作是两件不同的事务，内容不同，范围不同，如果奢望想要两者完美交融是不太现实的，即使有这种完美的存在，也不可能属于你。

也许你担任的是部门经理、销售员或是办公室文员、会计之类的职务，老板很开明，对下属没有过多约束，只要你做好自己的工作，老板并不会对你和同事的聊天说三道四。

也许你是个年轻的上班族，有很多朋友，他们经常喜欢给你打电话聊天，吹牛，甚至到你的办公室来找你，也许会在你快要下班的时候给你打电话来找你，但更多的时候会是在你上班的时候打电话。

在某种程度上，只要不是太过分，老板是不会干预的，因为办公室不是监狱，你也不是犯人，在不影响工作的前提下，老板会给予一些自由的空间。

然而，大多事业成功的人在工作状态中都不希望被人打断。

如果你正在处理一件非常重要的工作，亲戚或朋友一个并不重要的电话，不仅会让你心情变坏，更会对你的工作产生影响，老板看见了也会对你产生不知轻重的坏印象，而且再想找回之前的工作状态也要花费时间。

有一个年轻人，工作一直做得很不错，各方面条件也很好，但是就是一直没有得到升迁的机会，就是因为有一个不好的习惯，每天他爱人都要和他煲电话粥，经常在一个小时左右，如果不接电话，他爱人就会立即找到公司来……

当你正在数字的"群山"中跋涉，欲登顶峰之时，"叮叮叮……"的声音由远而近，你不得不从紧张的"爬坡"中抽出来，去接这个电话。整个工作被打断了，重新进入工作状态要花上十几分钟，此等损失，只有你自己深有体会。

当你正在做某件限时完成的重要工作时，亲戚或朋友却打来电话，你不得不抽离出来，然后匆匆忙忙地赶工，以求交差。

你是会计，正在办公室整理报表数据，或者你正在教室给学生上课，一个电话突然打来，你以为对方有很重要的事情，不得不放下手中的工作接了这个电话，顿时整个连续的状态被打断了，如果时间很紧，也许整个任务就被这个电话给彻底打乱了。

我犹记的一次，一位求职者的申请被拒绝，完全是因为他的亲戚在一旁喋喋不休，怎能不让人生厌？

如果说是性格内向，不善于表达，又或者说是性格懦弱胆小，在陌生人面前不敢说话，没有亲人陪同连面试都不敢参加，定然不是老板所需要的。

老板需要的是你，不是你的陪同者。

　　在工作期间，你才是老板需要的，所以，除非特殊情况，请不要分心或接受不必要的打扰。

所以，工作时可以告诉你的亲朋好友，不要打扰你，除非是特别紧急重要的事情。

如果你有个话痨朋友或是亲戚，又特别喜欢不分场合时间地给你打电话，你可以毫不客气地告诉他，工作时间恕不接待。

父母朋友有关心的权利，但是在工作时间里，你也有不受打扰的权利，特别紧急的事情除外，不然光是接电话就能让你崩溃，进而影响到工作。

如果你的朋友来找你去吃饭或是玩耍，一定要安排在下班后，不然当你正为一件紧急任务忙碌时，朋友却在你的办公室喋喋不休，叫你如何不焦头烂额。

社交和工作各有各的圈子，不要奢望能完美交融，反而要分得清清楚楚，互不干涉，即使真有这种完美的存在，也不属于你。

07 重要的不是你拥有什么，而是你如何运用自己拥有的

在我看来，社交有三种类型，第一种是有的人很热衷于社交，喜欢认识不同的朋友，身边从不缺少朋友，往往第二次看到上一次认识的朋友却不记得对方是谁，但就是喜欢别人围着自己转的感觉；第二种是基本上没有什么社交；第三种就是既能享受孤独，也有和他人相处得很好的人，这样的人身边多数是一些真正可以成为朋友或是对自己有益的人。

人是群体性动物，也许那些没有社交的人能够通过网络或是自己爱好的事物获得快乐，但内心依然渴望拥有更多的朋友来获得感情的依赖或是某种认可。不管是感情，还

是学习交往，孤家寡人，闭门造车，不会有任何进步，只会让自己越来越孤僻。

书本与重要的文书有其重要的位置。必须清楚的一点是，那些一直口若悬河与别人交谈甚欢之人、那些不能忍耐寂寞之人是很难学到真正有价值的知识的，也难以为世界作贡献。那些只注重吃喝玩乐的男人，那些除了追剧、美容、聊八卦之外别无所好的女人，皆为自私、愚痴之人，失败是必定的结果。

与朋友聊天之中，你会发现，那些口若悬河或是经常滔滔不绝总想表达自己观点的人，基本上不会关注别人身上的优点，学习别人身上好的东西，因为他们眼里只有自己，他们的社交只是为了满足自己的虚荣心。

想要活出人生的精彩，既要学会忍受孤独，享受孤独，超越孤独，又能够与众生和谐相处。独处时做自己喜欢的事，比如读书看报，关注自己，修炼自身；与众人相处时，交流感情，增进亲密度，从别人身上获取积极的能量。

忍受住常人所忍受，忍受住常人不能忍受，想不成功都难！

知识、经验甚至是感情，如果只是吸收积累，而不去交流，就如同死水一潭，只会让整个人变得越来越封闭。

还是那句老话，重要的不是你拥有什么，而是你如何运用自己拥有的。

　　一个人的进步甚至是成功，都是在完善自己的过程中一步步实现的，这就需要人与外部进行交流，构建一个完美的循环，从外部汲取强大的能量，让自己进步、进化。

　　因此，全方位地完善自己，让自己不断取得新的进步。在完善自己的过程中，我们不要让自己与外界隔离，而应该与之交融。只要不处于沉迷的状态，就可以让我们的工作做得更全面与认真，因为我们可以充分了解所做之事，激起其活力。

　　我们也可以利用别人的经验教训。在积累经验之时，我们还要与人分享。两者割裂其一都只能让人心智日趋贫瘠。

　　而过度的社交又会占据一个人过多的时间和精力，影响工作和自己的进步。只知道独自专研学习，忙于工作，忽视社交，忽略从外部汲取有益的能量，也难以让自己有进步，因为无论人干什么工作，都少不了和他人交流交往，甚至需要他人的支持和帮助。

　　集思广益之人总是在不断超越自己。遁世者局限于自己，在自己最小的圈子里环游，胸中装着一座火药库，却不能引爆。

　　正确地融合内心之所得与外在的分享，势必让人生更为璀璨夺目。换句话说，独处时思考自己拥有的，与众生相处时分享交流吸收别人拥有的，才能不断超越自己，不断进步。

08 只有合适的职业才是属于自己的

当你走出大学校门，走上社会去应聘或是跳槽去找工作时，看到一个很好的职位，所有条件都符合，结果职位性别要求是女，如果你是男士无疑会很沮丧，如果你是女的，肯定会十分雀跃。

人生来就不是一帆风顺的，也许某个时间段会很顺利，但大部分阶段只能普普通通，既不顺利也顺利，谁说得准呢？有时候，心中充满了希望，为自己规划了一份蓝图，做好了计划，但计划赶不上变化，不是这样的原因就是那样的意外，导致了事情的失败，让自己很长时间陷入低谷，直到经历诸多磨砺之后才最终走出困境。

当你踏入社会就要开始为生计绞尽脑

汁，而第一份工作则是关键，也许会影响你的一生。也许有个很现实的问题，第一份工作根本就不适合你目前的状态。很多人大学刚毕业就想要找一份收入高的工作，这就显得有点心急了，往往还会以曾经在校获得的荣誉作为自己骄傲的资本，以此为基础想要找一份高收入的工作，这种对自己的定位和自身的判断是一种错误，因为过多地关注了自己所拥有的，就会减少对招聘岗位工作的关注和了解。

还有就是很多人在从事第一份工作时，并没有对自己的未来发展进行一个规划，而这恰恰是必要的。因为并不清楚第一份工作是不是他/她所喜欢的，是否能够成为他/她以后从事一生的事业，还是说只是一份暂时挣钱吃饭的工作。

一个人一开始就找到一份喜欢并为之坚持奋斗一生的工作是件很不容易的事，概率很小。尤其是男人成熟得较晚，哪怕 20 多岁了，对未来仍没有进行过太多的思考。因此社会上有个普遍的现象，直到多年以后，很多男人从事的依然是最初选择的那份职业。

一个人在开始找工作的时候，都需要冷静的头脑和理智的判断，在这种重大时刻，任何不当的判断都会影响一生的命运。

在找工作之前，就要做好对自己人生发展的规划。等到积累了足够的经验和阅历之后，很少有人愿意轻易放弃自己长期从事的岗位，因为没有人愿意让自己曾经从事的工作带来的积累化为乌有，又重新花费大量精力和时间去学习一个新的领域的内容，也许此时才意识到当初的选择不理智，但依然不会放弃现在的工作，去做出改变。

　　世界那么大，我该选择哪一条路去看心中的美景？职业选择同样如此，如果选择的职业会损害你的心智，使你的性格变坏或者毁掉你的身份和地位，请不要看在金钱的份上委屈自己。

　　我们不能只为了找工作而找工作，必须要认真思考，做好规划。如果找了一份根本不适合自己的工作，即使你的野心和精力会让你有个良好的开端，或者会在短时间内因为干得好获得升职加薪，但这份工作就必然适合他／她一生吗？如果某天突然发现最初的选择是错误的，想要做出改变也很难了，家人会说，安稳才是最重要的，现实不会包容你的，换工作是个大事，不能轻易改变。

　　而大多数人也只能继续在目前的工作岗位上麻木地做着机械般的工作，毫无进取心可言。但如果他能够从事自己热爱的工作，就能够获得更大的成功。

　　找到一份能称之为事业的工作大概是最让人身心愉悦的一件事了，但是太难了。很多人一开始努力把工作做得很好，收入也不错，老板也欣赏，这些都会给人带来满足感。如果有一天他发现自己成为一个机器，那这份工作给他带来的幸福感很快就会丧失殆尽。无论是生活还是工作，快乐和幸福的本质就是做自己喜欢的事情，所以从事热爱的职业才能带来最大的幸福感，而且会长久。

人们找到第一份工作后，就会在很长时间内再难做出改变，要改变真的很难。年轻的时候我们为第一份工作能够付出很多资本，比如时间、精力、热情、专注等。以后再碰到合适的工作的时候，想要像对待第一份工作时那样付出就很难。为什么我们坚持了那么多年还在做着自己不喜欢的工作，这就是原因。失去热情，让很多人在自己的职业生涯中慢慢失去了竞争力，过得不如意、不幸福。

如果一份工作，你很快就能适应，说明它的难度不高或是你并没有真正了解它的本质。也许下一刻你就会被其他人所代替，因为你不是无可替代的。如果你愿意花费时间和代价去充实提高自己，增强能力，那么你被淘汰的概率就会变小。

纽约市曾对那些在美国最低法定年龄（14 岁）就离校的男孩和女孩做了调查。在 25000 个被调查的案例中，有近 23000 人从事非技术性行业。报告中写道："在这些行业中，每个行业都有 100 多万名工人，这其中包括了在最低法定年龄就离校的 10857 个男孩和 11924 个女孩。有超过 90% 的人在从事非技能的职业，如跑堂、家政服务、小企业职员、机器操作员、办公室职员、助手、包装工、邮递员、送报人等。"

根据这份调查报告，他们得出了这样的结论：这些在学业上半途而废、离开学校的孩子工作机会显然就是非技术性职业。此外，由于是做学徒，他们一开始就必须被迫接受很低的工资待遇。也正因为如此，这些很早就离开学校的男孩不愿意读职业学校，或是学习一种技术性技能，如修理水管或其他各种手艺活。于是，这些男孩和女孩就构成了社会的"有闲阶级"，这种情形对社会是有很大影响的。

很多男孩在找工作的时候根本没有想过这些工作对健康的影响和破坏，又或者是对性格的改变，他们找工作也仅仅是为了赚钱糊口。如果不是特殊情况而丧失学习机会，最好完成学习，这样才能拥有更多选择的资本和条件去争取更好的生活。就算是被迫去找工作，也应该尝试着去做些符合自己兴趣或是天赋的工作。

由此可见，人们在决定选择合适的职业之前，研究该职业的性质以及关于它的所有细节，了解在这份工作中人们的发展趋势的重要性。具体来说，它应该是充实生活，提升个人气质，改善性格，使人们变得更好，而不是使人变得更坏，扼杀发展，彻底地压制人们的自我表现。这些比较式的问答将有助于你对职业的正确选择，也是我们必须面对的非常重要的问题。

合适的职业就像一所好学校，如果你不能从中学到东西来发展人生和拓展事业，就不要从事它。不要被你在某一行业中赚钱的多少所误导。

合适的职业就像一艘迷航的船找到了航行的方向！

职业不该是你的阻碍，它应该是帮助你创造更大、更广阔生活的一个可持续性的激励、鼓舞和刺激。

对你来说，健康的身体，得益于良好的条件和环境，这比金钱更重要。如果你的职业会损害你的心智，容易使你的性格变坏或者毁掉你的身份和地位，就不要勉强自己，否则得不偿失。

09 **每个人都有两个不同的工作机制**

　　以前，人们谈论最多的话题是，一个人能做多少，一个人真正能承担的实际劳动或是工作的时间，而时至今日，重要的不是工作时间，而是一个人能够提供的服务。

　　一位杰出的医学专家与普通医师的区别，并不在于他们陪伴病人的时间，而在于他们能够提供的服务，尽自己的全力诊断病情。

　　工业巨擘在一分钟作出的决定产生的利润，平庸者一生可能都追不上。

　　真正的商人是致力于提供服务的，他知道如何使用资源，运用自己的经验，果敢地作出决定。在一天之内，他不会在自己的办公室里待上十到十二个小时，你可以在高尔夫球场、游艇上看到他的身影，在这些娱乐中，他活力焕发，心灵得到平复，以更好的状态去应对紧急情况。

不要误以为我是在提倡闲荡，绝对不是。闲荡并非休息。一个人必须努力工作，至少在一开始必须这样。正常的办公时间要保持、维持自律。但如果你只是机械地工作，仅此而已，从没有想到要提供自己的服务，你的工作成果将与那些每天挖走几立方米污泥的工人无异，价值不大。他们就如一台会工作的机器，时时受到老板的监管。

公司希望你能提供的不仅是工作时间本身，还有服务。你在工作中取得的成就，这对公司而言才是重要的，而不是你的工作时间。你工作的所得结果是什么？你为公司带来了什么好处？自己的工作是否只是机械性的？自己是否在工作中，一如一台机器，或是在工作之中，认真思考，认识到工作结果的质量比工作本身重要千百倍？

许多初涉职场的年轻人，一开始会抱着这样的念头：若他们每天工作八个小时，他们就是做好了属于自己分内的事情，这一切已经足够了。无论你工作的时间是长是短，你都应该填充好每一分钟，做一些有意义的事情。但如果你认为，只要做好自己八个小时的工作或是忙活一整天，你就会取得成功，那你就大错特错了。

真正重要的问题是，自己工作有什么收获？自己工作取得什么成效？

你是愿意继续埋头像一台机器，只是不断润滑自己，处于良好的状态，或是走出这一"机械"工作的怪圈，于工作之中，认真思考，试图找的不是"捷径"而是通往成功"更好"的途径。

就像干燥的脸需要抹润肤品一样，补充水分是很好的选择。让自己变得润滑起来，你获得的不是"捷径"，而是通往成功"更好"的途径。而这个润滑就是能让你擢升的东西，包括经验、技能以及更多的东西……

千万不要做一个工作机器人。

10 幸运与侥幸
——为什么自己很倒霉

恐怕没有人比那些"中了500万"的人更适合幸运这个词了。什么是幸运？我的理解是，很难发生的好事竟然发生了，其内涵偏重于运气好，多用于形容人的机遇好。另外一个词——侥幸，虽然和"幸运"都有碰巧发生、本来很难发生的意思，但侥幸是指本来不会发生的好事竟然发生，偏重于偶然性，多用于形容非分地乞求获得间外的成功。

为什么要说到幸运与侥幸这两个词？这是因为这两个词的含义容易被混淆。那些成天幻想意外获得财富之人，就是存在侥幸的心理，但表面来看，如果他们真的成功了，人们会大加赞赏，认为这个人真的很幸运。但这样的事，是不是经常发生，想必大家都清楚。那么，现在不妨做这样一个假设，如果一个人的性格可以改变，你是否想过自己的幸运概率有多大呢？这种显而易见的外界因素，是否也是一种很自然健康的心理模式？

在一本名为《怪诞心理学》的书中，记录了关于幸运和性格之间关系的实验过程，在这里简单说明一下。此书的作者是英国心理学家理查德·怀斯曼，被誉为"英国大众心理学传播第一教授"，他因在包括欺骗、运气、幽默和超自然等不寻常领域的研究享誉国际，是英国媒体最常引用的心理学家。

查德·怀斯曼在书中提到了这样一些问题：你经常得到幸运之神的垂青吗？还是常因运气不佳而扼腕叹息？为什么有些人总能在正确的时间出现在正确的地方，而另一些人却总是跟幸运之神擦肩而过？

于是，大概在 10 年前，作者决定通过研究运气心理学来回答这些有趣的问题。为此，他跟 1000 多名幸运儿或者特别不幸的人携手合作，这些人来自社会的各行各业。具体实验过程如下：

给那些志愿者每人发了一张报纸，请他们仔细看过后告诉我里面共有几张照片。其实，我还在这张报纸上为他们准备了一个赚钱的机会，不过我并没有告诉他们。在报纸的中间部位，我用半版的篇幅和超大的字体写了这么一句话："如果你告诉研究人员看到了这句话，就能为自己赢得 100 英镑。"

那些运气不佳的人完全把心思花在了清点照片的数量上，所以，他们并没有发现这个赚钱的机会。与此相反，那些幸运儿显得非常放松，他们看到了报纸中间的大字，从而为自己赢得了 100 英镑。这个简单的实验表明，幸运的人总能够把握住转瞬即逝的机会，从而为自己带来好运。

投射心理模式正在影响着生活、工作的方方面面。它改变着我们对本真的认知！所以，请活成自己想要的样子吧！

类似的实验结果告诉我们，那些志愿者的运气好坏，在很多情况下，是由他们的思想和行为所决定的。幸运的人通常乐观开朗，而且充满活力，容易接受新的信息和经验。相反，不幸的人性格相对孤僻，而且反应不够敏捷，常常对人生感到不安，不太能够察觉摆在面前的大好机会。

换句话说，如果一个人一直相信自己就是幸运的，并且在内心深处构建一个如他所愿的幸运世界，那么他就更容易发现那些潜在的机会，也就能更好地把握机会。

这就是我们常说的"把握机遇"。

对机遇而言，不是每个人都能获取得到。因为，这里面有一个从相信到发现再到把握的过程。比如，有一个美国家庭主妇非常幸运，因为她总能赢得各种幸运抽奖。她的秘诀是什么？那就是她参加了相当多的竞赛。每周她都参加大约 60 种通过邮寄举办的竞赛，以及大约 70 种在网上举行的竞赛。在每次尝试中，她获奖的概率都在增加。她说："我是一个幸运儿，但是运气是靠自己创造的。"

反之，那些不相信有幸运之事发生的人，他们的内心遵从这样一种模式——他们总以为自己很倒霉，不会有什么好事降临到他们身上，甚至他们相信"人倒霉了，连喝凉水都塞牙"。这样一来，他们怎么相信这个世界上有"机会"的存在？

因此，我们幸运与不幸运，在很大程度取决于内心选择了哪一种认知模式。记住，相信自己就是幸运的人，会交上好运。

11 沉没成本正在拖垮你

如果你没经过慎重考察就去投资一个项目，结果却发现已开市场红利，你该怎么办？解决办法有两个，要么继续投资，期待奇迹出现，要么终止投资。这个假设的场景告诉我们一个道理——如果你已经损失，那就让损失少一点。

现在，我们将这种场景换成具体的生活和工作内容，你会怎么做？比方说，你现在的工作或者感情，你已经确定不是你想要的，该怎么办？最好的处理办法是尽快放弃。

上述两种情况，是我们从理智的方面入手得到的最佳答案。但放眼身边，事实却并非如此。以情感为例，我就看到很多人的爱情明明已经不能再继续了，可他们还是不愿意放弃。不放弃的原因是心中不舍或不甘，毕竟是几年的情感付出和经营，怎能说放就放。他们这样做，表面看来还颇有些道理。

但是，我对此却感到悲哀。我们为什么这样留恋过去的感情投入，而不关注未来的价值？如果你懂得一定的经济学原理，就会知道沉没成本效应。那么，什么是沉没成本效应呢？如果人们已为某种商品或劳务支付过成本，那么便会增加该商品或劳务的使用频率。这一定义强调的是，金钱以及时间成本对后续决策行为的影响。

此后，又有很多研究者对沉没成本效应进行了各种解释，其中被广泛采用的定义有两个：一种解释是由于人们存在自我申辩的倾向，不愿承认自己以往的决策失误，因而总是希望与先前的选择保持一致；另一种解释是由于过去产生了损失，人们会产生尽快弥补损失的强烈动机，这种动机会导致风险增加。可能你对沉没成本还不大明白，不过不要紧，下面这个场景有助于你对它的理解。

比如，一个人去相亲，这是他的一个决定，于是他按照约定的时间去了一家气氛优雅的咖啡厅，结果他发现，所相亲的对象不是他喜欢的类型，为此，他确定即便是交往下去也不会有幸福可言。那么，此时请你作出一个决定：你是碍于面子继续聊下去，还是马上离开？

从经济学的角度来说，如果你已经确定不想和相亲的对象继续交往下去，最明智的做法是马上离开。如果换作生活中类似的事情上，同样也会选择友善地离开。不管如何，其结果终究是选择离开。

当你决定去相亲，你花费了时间的成本，这就是沉没成本，至于你在咖啡厅与相亲对象交谈，又花费了时间和茶水钱，这也是沉没成本。如果你选择马上离开，可以省去勉强交往的尴尬与痛苦，同时又可以省去一些由此产生的费用。反之，如果你不这么做，就会付出更多，这叫作追加成本。因此，沉没成本其实是已经损失的成本，为了这个损失而追加成本，最后损失的只会更大。

生活和工作中，有很多人由于害怕损失，所以继续投入，到最后损失更大，这就是沉没成本模式。换句话说，我们都犯了一个错误，因为已经投入并且损失还没有得到回报，会影响我们对未来投入的判断。像这样的例子屡见不鲜。我知道有对夫妻，他们的婚姻原本就是一个错误，当男女的新鲜感耗尽时，却因为一些原因依然坚持在一起。理由是，他对她有救命之恩，因为感恩她嫁给了他，后来她发现自己爱的不是他，她很痛苦，想离开他，可怎么能说离开就离开？毕竟他是她的恩人。于是，她更痛苦，而他因得不到她的爱而整日愁容满面。

由于这样的原因，她和他继续在一起。为什么不选择彼此放手呢？此时分开的未来价值，远远高于在一起的价值。因为，每个人都有追求幸福的权利。

沉没成本模式时刻影响着很多人。对此，我还可以举出更多例子。

在不少人看来，自尊心强是一件好事，可事实真的是这样吗？事实上，自尊心越强，或者自卑而自大的人，他们的沉没成本意识越严重。因为，他们总希望证明自己是对的，他们虚妄地以为这样去做会成为别人敬仰之人，以为这就是他的生活模式。

那些害怕损失的人，如果有一天厄运到头，损失严重，他们会最先沉沦。

那些爱面子的人，一旦面子受损，多半会恼羞成怒，抑或"赔了夫人又折兵"。

那些为了结婚而结婚的人，不幸福的概率比懂得婚姻真谛的人更高。

那些人只因为逛了很久，花费这么多的时间和精力，不买上一件衣服回家，岂不白逛了。

……

沉默成本模式让我们损失更多，而成事者少有为其所困，就算有，他们也知道及时止损。

我朋友的妻子喜欢购物，特别是一些时尚的服装，她恨不得都买全。有一天她去步行街，看到有一家店面，窗上贴着醒目的大字，"限量大打折，最后一天"，于是，她动心了。朋友对妻子说，别买了，今天买得够多了，而且打折的衣服不一定适合你。她有点不高兴，说这样的机会怎么能错过？然后疯狂地买了几件。过了几天，她就后悔了，因为这些衣服根本不适合她，还被姐妹们说三道四，那些衣服她穿起来太不合适了。像这样的情况不止发生一次，由于贪便宜，结果她损失了不少钱。

一个暴发户，他的儿子也追随潮流，想出国留学，为此家里花了不少钱，费尽周折终于如愿出国留学了，可从国外回来，他的儿子根本就没学到什么东西，这是不是一种损失？如果他的儿子去职业学校或者从事适合自己的工作，结果会不会更好呢？

你有没有这样的经历，为了隐瞒一件事情而撒了谎，然后为了不让自己的谎言被揭穿，于是继续撒更多的谎来弥补，最后弄成无法收拾的局面。那么，第一次撒谎是不是一种沉没成本？不用多说，你应该明白的。

不久前，一个朋友给我打电话，说他很痛苦，到现在都没有结婚。我说你自身条件也不错，为何会这样？他说他心里一直忘不了一个人——他的初恋女友。仅仅是为了这个，他就不愿意结婚？是放不下，还是为了当初的诺言？这是不是一种沉没成本？

总在抱怨过去，看不到未来，迷失了自我，找不到发展的方向，你是否计算过你的沉没成本？

因为害怕损失，你忘记了自己原本可以获得更多。如果勇于承受这些损失，你就有机会把时间、精力、智慧、才情投向未来，找到更好的途径来弥补这些损失。

12 警惕伪开始，怎样整合自己的过去

　　一个好的开始对未来是很重要的。2010年下半年的时候，我出版了一本书，消息不胫而走。一个曾对我多次说过要写东西的朋友给我打来电话，首先是恭喜我的新书出版，然后她很兴奋地告诉我，说她也心动啦，准备写书。我说，那很好啊！期待你的作品问世。她还在电话里告诉我，说用不了半年，她的小说就会写完。她特别强调时间——不到半年！我明白她的意思，几个月后就能看到她的小说！

　　时间过得还是蛮快的，再来看看这位爱好写作的朋友，她的小说是否写完了呢？没有，不仅如此，她只写了一个开头，因为这样或那样的原因耽搁了。我知道，这是借口，

事实是她没坚持下来，尽管有一个很好的开始。

我相信，这样的事你一定听过不少，也见过不少。有多少人做事，虽然有了一个好的开始，但大多数半路夭折，或者不了了之了。比如，有很多人声称要努力减肥，结果不但没让自己瘦下去，反而比原来更胖了。那些"月光族"们，也说从下一个月开始攒钱，可还不是月月光，甚至还欠账。这些人都有一个共同的特征，就是一开始信心百倍，并给自己设置一个美好的期望值，进行几天后便无疾而终。他们确实执行了一部分，并且有了一定的成果，但是，过不了多久，又回到从前的"那个我"，原先怎样现在还怎样，原来干什么现在继续干什么。

我把这样的人称为"伪开始者"。生活中的你，是否多次想过要去买一些书？因为你看到身边的朋友也在买书。不仅如此，你还会在心里以为有了这些书，你会变得更有文化，更有涵养。但你从来都没有认真去看过这些书，甚至自从你买回来后，就把它们遗忘在某个角落了。在我所在的城市，我的妻子曾在某健身中心上班。我问，去你们那里健身的人多吗？妻子说是挺多的，不过好多人来了几天就不来了，虽然他们把会员卡也办了，钱也交了。

我刚交了600元钱，去电脑培训中心学计算机知识，心想用不了多久，我就是一个计算机操作高手。

我发现学计算机知识很没劲，还不如学摄影。为此，我又开始跟摄影高手学习了。

我最近在读李宗吾先生的《厚黑学》，想学一学书中的精妙处世之道。

　　我发现读这些书都不实用，还不如多做几单生意。

　　……

　　像我这样的"伪开始者"，不论做什么，开始时信心十足，制订一个很好的计划。一个计划就意味着一个开始，但是他们的计划从来就没有执行到底过。因为，他们觉得执行完计划真的太难了，真的坚持不下来。因此，大多数"伪开始者"都不会坚持做完一件事的，他们倒是很愿意选择另外一个开始，这样，他们又可以体会那种美好的感觉了。

　　这样的后果是什么？我举一个例子来说明。一个多次离婚的女人，是最容易再离婚的。久而久之，似乎离婚就成了她的习惯。多次离婚的女人，到最后是很难再找到称心如意的男人的。因为，男人会觉得这个女人对婚姻太随意了。可能在她第一次离婚的时候，她认为"离婚是幸福的另一个开始"，她不断地这样提醒自己，于是，一旦再次结婚，结果又不幸福，她又选择重新开始。如此从一个开始到另一个开始，经过多次的开始，她已经丧失了原来的优势。在职场中，这种情况也是挺普遍的，很多职场人士就是因为有太多的开始，反而使自己的能力降低了。

　　有人把婚姻比作是投资，我对之不完全赞同。如果婚姻是一种投资，那是不是可以说，你一旦投资对了，一个好的开始便诞生了？这是不是又属于"伪开始"呢？如果幸运的话，在你这个好的开始诞生后，你又发现比这更好的投资，你是不是还要进行另外一个开始？

那么，幸福呢？你是否真的就幸福了？现在市场上有不少所谓的"女人幸福书"，里面宣称的一些观点实在是让人"胆战心惊"。试问，那些专家、作家是不是在教女人投机取巧？你见过有多少人是投机取巧成功的？你见过有多少女人因为投资婚姻而获得幸福的？婚姻不是你讲的一些所谓的"指点迷津"就能让人获得幸福的。

在企业发展中，也有这样的"伪开始者"。他们投资很多项目，以为这样就能让企业获得更多效益。可能刚开始的时候，会产生一些效益，但多数都是不了了之，甚至严重亏损。比如，一些原先做果汁饮料的集团，他们原本挺牛的，结果想做另外的投资，想有更多好的收益，于是涉足医疗保健业、房地产等陌生领域，结果败得很惨。像这种"伪开始者"现象导致企业失败的案例远比成功的案例要多。

那么，我们该如何避免这种自以为是的"伪开始"现象呢？我个人觉得，可以采用"热度效应"来检测是不是"伪开始"现象。比如，一个人和一个刚认识不久的女孩约会。大家都知道，初恋的时候都是火热的，迫不及待的。这时候，如果能先等一等，然后再等一等，如果你的热情还没减退，那就开始吧！认真的开始，你一定会喜欢上她。换句话说，只有那种在你内心不可撼动的开始，才是有结果的开始，而那种一开始急不可耐，说风就是雨的开始，只是你的一时冲动而已。那么，这样的开始，就是一个"伪开始"，就是一个注定没有结果的开始。

同样的道理，你可以通过这种"热度效应"来检测是冒险还是犯傻，是投资还是消费，是为了提高自己还是心血来潮……

一个开始实际上就是你丢掉了原来的不满，进入到一个新的过程之中。正是这新的过程，让你损失你原来拥有的一些东西。那么，你何不用你的一部分过去，打造一个全新的未来呢？要知道，过去的资源并不是一文不值。丘吉尔以自己政治上的失败，换来一个自信的未来；海尔砸掉不合格的冰箱，为后来赢得广大市场的品牌效应。他们做得多么好啊！

现在，你是否想过如何整合自己的过去，打造一个全新的未来呢？这是我们每个人都应该去思考的。每一个开始都源于过去，每一个过去又都是新的开始，关键看你怎么做。

13 衡量一个人的标准是看他将来的潜力

有句话是这样说的：创业容易，守业难。

还有一句话：再愚蠢的人都能赚到钱，但是想保住这些钱却需要一个聪明人。

从某种程度上讲，面试官是以貌取人的。不信请看那些因让面试官产生良好的第一印象的年轻人获得工作的概率是远远高于那些没有让面试官产生良好印象的人的。再说具体一点，你看那些整容机构的生意有多火爆就知道了。我们会把这样的现象称为"畸形"，可是它在现实中的确存在啊！

为什么会出现这样的怪现象呢？ 主要是因为老板对于应聘者的了解仅限于大体情况，而这些了解只要能够让他们决定是否雇用这个人就够了。因此，一个外观形象良好，且没有性格缺陷的人很容易得到一份工作，即使他做得并不出色，他依然可以以他太年轻或者没有机会表现为理由。

外貌协会者一直都存在，除非他能改变这样的"肤浅认知"。然而，不是所有的面试官都是如此，有些面试官拥有识别面相的能力，而且能洞悉人的性格中不好的一面，以及他们的能力。

如果一个人拥有上述两者，就可能有双倍的机会得到一份好工作。但是一旦他得到了这份工作，这种外观形象的作用就很小了，他必须靠自己的努力来赢得老板满意，否则一样会丢掉工作。

总的来看，外表影响力很小，内在的价值才是至关重要的。这种对内在价值的要求正在随着社会的进步而得到越来越多的人认可。我们可以看见许多外貌一般，但内心充沛的真才实学者在各行各业发挥着重要的作用。我们也可以看到很多仪表堂堂的人，他们很容易找到一份工作，但是不知什么原因总是保不住工作。

我时常对年轻人说，不要过分依赖你的"颜值"，不论你有多惹人喜爱，都不要因为你长相好看或者穿着美丽大方而夜郎自大。正所谓"好看的皮囊千篇一律，有趣的灵魂万里挑一"。

我这样说，绝不是说我们在工作中不注重外表，让人赏心悦目的外表对业务也是有所裨益的，大方得体的穿着也是被鼓励的，但是它们都不是根本的内在价值，一个形象好且穿着得体的员工，自然优于一个跟他有着同等能力，却性格古怪又邋遢的人。在乡村，我们时常听见老人们用"草包"训诫内心无货，却招摇过市之人。

不要迷信那些给你灌输"外貌终将打败一切"的人之观点。"业务"这个存在对于每个人都是一视同仁的，老板不会傻到连业务都不要了。正如水有水平线，人也应该具备与自身职位相符的能力。具备了能力，加上运用能力的意愿才有晋升的权利。

作为员工，应该像当初努力得到工作一样去努力守住工作。不应该把工作看成铁饭碗，也不要以为有了铁饭碗就怠慢这份工作。

如果不能坚持将一个良好的开端"进行到底"，那么良好的开端就失去了它的意义。

如果你是一个刚刚工作的人，这些理论对你可能没有用，你只需要在开始工作的时候证明你的实力，但是在你得到这份工作之后，如果想保住这份工作，切记一定要努力证明你有真材实料。

"衡量一个人的标准是他将来的潜力，而不是他眼前的状态，"这句话你我当共勉！

14 慎对那些让我们深信不疑的成功史

　　我始终相信这样一个观点：别人的成功不可复制，每个人都有自己的成功，大部分人都游离在"成功与不成功之间"。当然，我们每个人都渴望成功，但不是每个人都清楚，于己而言，什么是成功。

　　现在，我把人们认为的那种"成功史"归纳于成功之中，看是不是只要你复制他们的奋斗历程，按照他们的"成功秘籍"照本宣科地做就会成功。在众多励志书籍中，都广泛介绍着这样的成功模式：

序号	成功模式
1	成功其实不难，只要你坚持做一件事情。
2	只要肯努力，每个人都会成功。
3	更多……

　　还有很多类似的成功模式，这里就不再一一列出。许多人都相信，只要把一件事坚持下去，每个人都能成功。目标越坚定的人，他越成功，麻雀可以变成凤凰……我们可以在书店里找到不计其数的成功学类的书，那些诱人的"成功秘籍"让我们心动不已，心潮澎湃。但是，我们有没有怀疑过这些说法的可操作性，或者说，他们的"成功秘籍"就一定能引导我们走向成功。

　　因此，我要说的是，别被那些所谓的成功史忽悠了。显然，这样的观点会得罪一大批人，因为他们正对"那些成功史"痴迷呢！有人卖牙签成了富翁；有人卖针线也成了有钱人；这样的故事在生活中轮番上演，如果要列出这类故事的考证，我能说出很多。想想，成功真的很容易啊！究竟是这样的成功人士在误导民众，还是媒体的价值导向在起作用？先别急于下结论，我们来看看一些广泛流传的成功学观点。

　　成功其实不难，只要你坚持做一件事情。这句话，从表面上来看很有道理。我想说，坚持做一件事的背后，还有很多你不清楚的内容和秘密，你思考过吗？如果一件事根本不值得你去坚持，你还坚信只要坚持就一定能成功，你就陷入了"盲目迷信"的境地。因此，坚持并不等于成功，坚持只是成功的必要条件之一。同时，放弃在很多时候是一个明智的选择，也是成功的必要条件之一。这两者之间并不矛盾，反而是互为促进的关系。

如果你去修一台电脑，你会只坚持重装系统软件解决一切吗？是不是还需要考虑硬件方面的问题？如果双方面考虑，是不是更容易把电脑修好？在这背后，关键的问题是让电脑正常运行。换句话说，如果我们想获取成功，既需要勇敢的坚持，也需要果断的放弃。在坚持或放弃的背后，有着太多你看不到的聪明而理智的选择和判断。所以说，看清楚那些成功史背后的东西才是最关键的。

"只要肯努力，每个人都会成功。"我见过很多人，也在很多电视剧和小说里看到这样信誓旦旦的宣言。我有一个炒股的朋友，他对股票研究可谓努力至极，但最后的结局是倾家荡产，你能说他付出努力就成功了吗？事实上，他不具备炒股所需要的条件，他只是简单地认为，我努力研究就可以成为股神。但这可能吗？巴菲特只有一个，你弄清楚巴菲特是怎样炒股的吗？我也看到过一对夫妻信誓旦旦地想通过努力工作买上一套很体面的房子，可是他们的工资加起来一个月才3000元，按照现在的房价，他们能实现愿望吗？而且，他们上有老，下有小。所以，不是说我们努力了就一定能获得我们期望的那种成功。

有很多创业者，他们整天想着成为下一个李嘉诚。他们没有人脉资源，没有可供他们支配的资金，没有在危难时可为他们两肋插刀的朋友，没有一个可供他们发展的机会，他们如何成为"下一个李嘉诚"？

你看到一些人成名、成功了，于是，你也相信自己可以像他们一样。而他们原来是怎样的？现在又是怎样的？他们华丽转身的背后，经历了多少复杂的过程？你并不知道。这样的励志故事是否真的励志，要打上一个问号。如果你认为，只要努力了就一定能成功，那么，这是大错特错。在我看来，这个世界上，没有人只是依靠从众就可以成功的。如果一定要这样说，只有你成功了，你想怎么说都可以。那么，最好的办法是，少相信那些所谓的成功史和成功讲座。你相信的是他们的成功。

你做得越好，就越成功。这句话同样被无数人奉为天条。事实真的是这样吗？

一个年轻人疯狂地爱上了一个美丽的女人。于是，他每天到她上班的路上等她。为此，他坚持了近一年。但是，对方就是不动心。不仅如此，这个女人越来越讨厌他。后来，我在同学聚会上遇到他。在闲谈中，他提到了此事，并甚为苦恼。我说："现在像你这样的男人很少见啊！你这么坚持是为了什么？"

"那还用说，当然是为了打动她，然后跟她在一起啊！"

"那你如愿了吗？"我问。

"别提了，她对我没什么感觉。不过我相信，如果我做得更好，一定能够打动她的。"

我笑了笑，没有立刻回答他。他多半是爱情小说或者偶像剧看多了，他相信里面所谓的恋爱成功学。如果爱是靠你做得更好，或者说你是一个好男人，就一定能跟心爱的女人在一起，那爱情也太廉价了。

如果你坚持一个表达爱的方式很久了，而且你也一直努力地做到更好，依旧没有达到预想的效果。我想问一下，你是在坚持地等她，还是为了感动她？或者这样说，你等她下班只是感动她的一个方式，如果这个方式不起作用，还傻傻地认为只要做得更好就一定能成功，不可笑吗？你是否想过换另一种更加奏效的方法去感动她。好与不好不是你自以为的，而是合适的、奏效的。

后来他通过向她的同事打听得知，这个女孩觉得他每天这样纠缠她，给她的生活带来很多不便，而且同事也取笑她。于是，他就换了一种方式，给她打电话，或者发邮件。经过一段时间的努力，他和她终于走到一起——毕竟，他本身也很优秀。

现在，你何不进行反思：今天这样苦苦地坚持，这坚持的背后，是在坚持结果，还是在坚持某种方式？对爱而言，对事业而言，抑或对生活而言，都很重要。因为，适合的才是最好的。

纵观这个世界，成功史实在是太多了，它们只是"历史"而已。何况，历史只代表过去，我们所看到的历史不过是他人的转述。一个太迷信历史的人，注定是一个失败的人。对大众而言，还是理智对待，看清本质，不要陷入"迷信的境地"为好，多一些淡定会让你的人生更从容。

角度偏差

如何从"软肋"中逆转

01 婚姻也是一项高智商的投资

就像一个银行，如果里面的储蓄正在一天天减少，我们该怎么办呢？一个最直接的办法就是往里面继续存钱。而婚姻，也是一样的道理。

因此，有人就把婚姻比作一种投资。感情的疏远很可能是源于婚外情，抱歉，限于篇幅，只能如是说。其实，婚外情也是一种婚姻的投资。只不过，这个投资极有可能只赔不赚，甚至可能一无所有。打个比方，婚外情就好比你拿出多年的积蓄，然后去赌场炫耀了一回，当你把钱都挥霍完了，你也就一无所有了。这当然不是危言耸听，因为不管婚外情是否被对方发现，它的这个影响都是不变的。而且，一旦婚外情被一方发现，另一方就会由此而失去爱情专属权。这种专属权带来的专有感也就随之而消失。于是，彼此之间的感情和爱就无法生长了。如果还要让这种感情和爱产生，重新获取那份专有感，那是相当困难的。

那么，是不是一旦有了婚外情，就意味着婚姻结束了呢？这恐怕未必，现实生活中依然有很多有了婚外情还能重新复合的案例。这其中隐藏的秘诀是什么呢？主要有两点，一个是时间，另外一个就是宽容。时间会拂去内心的伤痛，而宽容则是一股强大的力量，这种力量会随着时间的推移而转换成一条爱的纽带，使两人紧密地联系在一起。

上述情况，无疑证明了婚外情实际上就是婚姻道路中的一个分叉点。对于这个分叉点，很多人都是持愤恨态度的。其实，大可不必这样，为什么这样说？因为，正是这个分叉点使得我们看清了婚姻存在的问题。只有看出了多年沉积的问题，才能找到解决之法。

还是回到上面提到的时间与宽容上。由于婚姻期间的问题是多年沉积造成的，这显然不是一时半刻就能解决的，也就是说双方都需要时间。这是一点。

另外一点，在处理问题的时候，一定要抱着一颗宽容的心，通过在宽容状态下的有效交流，再加上一些必要的改变，尽管彼此都曾受到感情的伤害，一些夫妻还是能够重新和好的，并找回彼此之间的爱恋，更加珍惜这份来之不易的感情。

实际上，让一个人去珍惜曾经拥有的情感，远比让他去冒险"投资"另外一份情感容易。因为，很多人都不愿意去冒险。其实，大可不必对婚外情抱有深深的恐惧之情，也不要恨天恨地般去诅咒。这些都不能有效地解决婚外情带来的创伤。

婚外情不是解决夫妻双方感情破裂的最佳方案，如果你没有彻底了断之前的婚姻，就会让创伤越来越严重。所以，一定会有比这个更好的解决之道了。因为为已经破裂的婚姻并不等同于彻底破裂的婚姻。只要你还愿意去使之愈合。

促使这种创伤愈合的方式就是不断地增进彼此之间的爱恋。如何才能增进这种爱恋呢？这也是有技巧可循的。于是，就要谈到吸引力的问题。吸引力的大小当然会因人而异。这种差异的存在就像磁铁的两极永远相吸引一样。因此，如果男人能像磁铁的正极一样，女人能像磁铁的负极一般，换句话说，磁铁的正极代表着男人的阳刚之气，磁铁的负极代表着女人的阴柔之美，如此一来，婚姻关系必定能长期保持吸引力。

说到这里，一定要摒弃那种放弃自我，一味地去取悦对方的方式。因为，如果是这样，那婚姻必定不会长久。正确的做法是，找到彼此之间的差异且不放弃真我，这才是保持吸引力的正确法则。

可见，当一个女人能够让男人感觉到他是一个男人时，这个男人才能体会到女人带给他的激情，也就是说，才能感觉到对方的吸引力。同样的道理，一个男人能够使女人感觉到她是一个女人时，这个女人就能体会到男人带给她的激情，也就是说，才能感觉到对方的吸引力。而这两种吸引力，就是靠双方通过"精神吸引力法则"而获取的彼此之间的那种有益的精神特质。

这种有益的精神特质具体到婚姻生活中，除了感情，还要有好奇心，以及兴趣等。当然，也不排除彼此间身体的吸引，这个法则也是不容忽视的。如果我们能做到这一点，我们就会很惊奇地发现，原来彼此之间竟然有这么大的吸引力，这种吸引力会促使我们对彼此的思想、感觉、行为产生浓厚的兴趣。

我们来看看如何使这种差异发挥作用。最直接的一点，就是要使彼此间的感情充满活力，不能是一潭死水。有些婚姻家庭，就是因为没有重视这个，没有利用好这种差异，反而使得婚姻中的两个人越走越远。

因此，如果我们不断地放弃真我去取悦对方，感情自然会无疾而终。要知道，改变并不意味着要放弃那份真我，有效地改变不会放弃真我，而是丰富真我。于是，问题的关键还在于"丰富"二字。那么，我们不妨来看看"丰富"二字的具体内涵吧！

首先，性别的差异一定要凸显。男人要对女人有吸引力，就应该保持并丰富他阳刚的一面。当然，男人有阴柔的一面也不是不可以。可是，如果一个男人长期在婚姻生活中压抑他阳刚的一面，这个男人最终会失去对女人的吸引力。同样的道理，女人如果想对男人产生吸引力，她就要保持并丰富温柔的一面，也就是说，要更有女人味。当然，女人也可以表现出坚忍的一面。只是，千万别忘了，如果男人无法再欣赏到女人温柔的一面，男人就会对其渐渐地感到无味。

其次，婚姻生活中要有新鲜感。就像一棵树苗，随着时间的流逝会不断地成长，给人耳目一新的感觉。婚姻生活也是如此，也就是说，我们的情感和精神也要像树苗那样不断地成长，如果婚姻生活已经限制了彼此的成长，那就意味着婚姻关系即将走向终结。

就像吃一道美味佳肴，每天都吃，一开始，我们会觉得好吃，可日复一日，我们就会觉得索然无味。如果我们能做到不断地丰富自我，改变自己就会显得很自然，而不是刻意地去改变。

彼此相爱的两个人在一起，并不意味着天天厮守。适当地保持距离，或者分开并参加一些活动，这会增加双方的神秘感。这并不需要你去改变，就像我们可以随时出去吃一顿饭，参加一些交流活动一样，这难道很难吗？

再者，婚姻生活中情感的交流，言语的共进，思想的碰撞都是一门必修课。没有性爱的婚姻，就像中药少了一味药；没有言语的共进，只能是死气沉沉；没有思想的碰撞，彼此只会越来越陌生。当一个女人缺乏安全感时，她会保持沉默。因为，她会感觉到说也无用，如果男人能够给女人安全感，那女人是愿意向你吐露心声的。因为，她会感觉男人就是她坚实的依靠。

最后，学会尊重对方。男人与女人都感到彼此的不尊重，那男人与女人也就不会成长。双方都会感到待在家里的郁闷，最后做任何事都缺乏主动性。那么，彼此间的关系也会越来越疏远。

很多人都是以习以为常的状态生活的，这是婚姻关系走向淡漠的主要原因。从此刻起，应该试着改变这样的生活方式。如果相爱的人能够走到一起，在一起很开心，能够彼此信赖，能够互相交融……这样的婚姻生活一定能够长久下去，炽烈下去。找回曾经的爱，关键就在于此。

虽然确切的数据无从统计，但是相关问题的研究人员，在所有对于婚姻满意度的调查中发现，即使绝大部分夫妻看上去都生活得很美满，可只有不到 1% 的夫妻——双方或其中一方对他们的婚姻是完全满意的。

如果是这样的话，那么当一个人决定与另一个人结为夫妻的时候只有 1% 的概率可以让自己今后不后悔，不管这种后悔是有意识的还是无意识的。

选择对了，婚姻就是天堂；选择错了，婚姻就是地狱。因此，每个人在选择伴侣的时候都应该深思熟虑，保持头脑清醒，充分考虑对方的长处和短处。

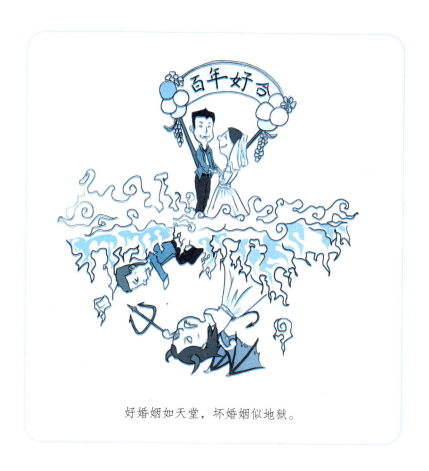

好婚姻如天堂，坏婚姻似地狱。

真爱一定会降临，但并不是随意的。真爱是理性的，其表现形式也是真实可见的。但是，人们往往把真爱与爱的表象或者通常所说的柔情蜜意混淆。有些柔情蜜意可能并非由爱而生，而是一时的激情和冲动。

尽管经过仔细鉴别，也不见得能够准确地确定真爱，但是经过慎重思考所做出的选择与不加思索的决定多半是大相径庭的。

一段良好的婚姻不仅仅需要两情相悦，更需要夫妻双方清楚地意识到婚姻的重要意义，因为仅仅有爱情并不能满足生活的需要，代替不了面包、房子以及衣服。

既然生活有它的物质层面，那么精神与物质就需要处于平等的地位。考虑物质所需和考虑精神所求是不矛盾的。

两个相爱的人走到一起，步入婚姻殿堂并没有错，但是两个人盲目地相信他们相爱了，而且不顾一切地组成家庭却很容易步入一段不幸的婚姻。

一个男人在他无法养活妻子，无法给妻子一个舒适的家的时候就结婚是非常不负责任的；一个为了结婚而结婚，或因为怕被人继续叫作"老女人"而结婚的女人也不会幸福。

没有考虑过婚姻成本就去结婚无异于海中孤舟，经不起任何风浪与考验。

一个男子在求婚之前，应该先将情感抛开，问问自己要娶这个女子作为终身伴侣的理由，如果无法给出，那么两个人之间一定有问题，或许是你的，或许是她的，或许是你们共同的问题。

幸福的婚姻，一定要有足够的除了情感之外的一些因素来支撑。那样的爱情才会既有精神支柱，也有物质保障。

02　真爱是保险，而不是冒险

　　我谈起这个话题时总是战战兢兢，因为我意识到有些情感纤细的读者将误解我的用意，甚至指责我缺乏柔情，还企图将生命中美好的事物"商业化"。

　　真爱是保险，而不是冒险，但是世上许多称之为爱的情感或多或少都是仿冒品。如果我能够确定一份感情是真爱之举，那么我会责无旁贷地从一个完全不同的角度向读者们传达我的观点。

　　有一些乃至大部分婚姻问题都是由于缺乏经济基础。大概有半数夫妻在双方有能力担起婚姻生活的责任以及其可能后果之前，就先定下了婚约。

　　现实生活中，一个有担当的男人在他有

理由相信自己负担得起家庭生活所需以及能够应对一切不可预知的突发状况之前，他不会轻易地向一个女人求婚。孩子的提前到来，婚后生活各种无法避免的支出，再加上事业上的不确定性，这一切都暗示着男人在经济能力允许之前不应该步入婚姻殿堂。

空有感情并不能帮你付医药费，购买食品衣物，更无法取代生活必需品。

我相信男人最爱的女人一定是他的妻子，因此希望与她共组家庭，生儿育女，并且清楚地确定自己能负担她和孩子的生活。

踏入婚姻联盟却没有得到保障的女人，无法胜任体贴入微的好母亲和好妻子。

虽然爱与其他世间美好的情感远远超越物质范畴，但是只要我们的物质与精神还处于共存，我们就不能无所顾忌地忽略物质生活。如果选择忽视，就是违背自然法则，而自然法则是残酷的。

如果一定要我讲明具体应有多少家产，未免有些强人所难，因为大家的需求不同。但是，大概来说，至少需要一份能养活自己的工资，一份长期稳定的工作，或是有能力找到另一份同样程度的工作。

婚姻大事不宜操之过急，等到你有能力养家糊口，保护自己家庭的时候便会瓜熟蒂落自然成。

03 生活需要平衡木，你站在哪边

你一定见过跷跷板吧？是不是这样的，跷跷板的两边各坐着一个人，当其中一个离开，另外一个人便无法玩了。

其实，我们的生活也是一样，一边是家庭，一边是事业。家庭与事业构成了我们生活的主要内容。

我们每个人就像跷跷板的平衡支撑点，左右着它的平衡。如果遇到不平衡，那一定是有一方重了，这时，我们只要调整两边的重量，就平衡了。如果我们能把握好这个平衡，能对家庭照顾得很周到，事业发展也不会差。

我们来看看聪明人是如何掌握生活平衡的。

首先，他愿意为了家庭放弃一些工作。因为，他知道家庭是他奋斗的动力，同时也是他温暖的港湾。想必你一定见过一些只为工作而不顾家庭，最后得不偿失的人！家庭和事业，就像我们的左手和右手一样，缺一不可。

其次，他还懂得让工作与家庭和谐统一。换句话说，他知道什么样的工作对家庭最适宜。

最后，他还知道通过自己的工作，能够为家庭获得什么，自己又不能做什么。

于是，慢慢地，他的生活会变得很和谐。一旦生活和谐，美好的生活便与他相随。

但是，有多少人会这样去做呢？或者说有多少人知道怎么做呢？我见过周围有一些人，他们无暇顾及家庭，慢慢地，生活的跷跷板就倾斜了。于是，生活的跷跷板的一头——家庭，变得很轻，另外一头——事业，变得很重。

那么，生活的跷跷板一头高，另外一头低，会出现什么状况呢？我们都知道，一旦跷跷板发生倾斜，必然有一方受力更多，那么，久而久之这一方就会变得不堪重负。这时，另外一头也要出麻烦的。

有些女孩子就想着坐享其成，找一个可以让自己不用辛苦工作、又可以享受高质量生活的人结婚，这样的想法同样不可取。你见过多少这样的女孩子最终是幸福的？

　　跷跷板的生活模式正在影响着我们，站在哪一边的问题也让我们苦恼。没有一个完美的办法可以解决，唯有不让一边过于倾斜。

　　我曾在一个电视节目上看到这样一个故事，一个妻子总是怀疑丈夫有外遇，或者不爱她了，总之有很多莫名的责问。为了确定丈夫是不是还爱她，她使出浑身解数，采用跟踪、查看手机通信记录、咨询与丈夫接触过的人等手段，掌握丈夫不在家的那段时间的活动情况。起初，丈夫还能容忍她，毕竟他们婚后感情还不错。后来，妻子的行为已经严重影响到他的正常工作和社交了。

是什么原因导致原本恩爱的夫妻变得这样猜疑呢？经过主持人的一番询问得知，原来，丈夫经过自己的打拼，事业有成，于是各种应酬也就多起来。丈夫觉得自己有能力养活妻子，便让妻子待在家中主内。刚开始的半年还可以，他觉得挺幸福，她也觉得还不错——全职太太嘛！

可慢慢地，就出问题了。一方面，丈夫回家越来越晚，甚至夜不归宿；另一方面，妻子由于"无所事事"，难免空虚寂寞，她渴望家庭的温馨，偏偏丈夫似乎"不在意"。这样一来，原本很贤惠的妻子性情大变，不但脾气暴躁，还多疑。

事情怎么会发展到这般田地呢？到底是谁出了问题？其实，这就是家庭事业的跷跷板失去平衡了。妻子原先是上班的，那时他们有着共同的目标——让生活更幸福。但后来男的事业有成，使跷跷板的两端，他偏重，妻子偏轻，妻子因为"无所事事"就将注意力放在丈夫身上。想想，这种全天 24 小时的高度关注，谁受得了。于是，在生活跷跷板严重倾斜的时候，妻子觉得丈夫不爱她，甚至有外遇，那么，她多疑也就理所当然了。

如果你也遇到这样的情况，你会怎么做？我想大部分人可能会想到离婚。其实，问题并没有这么严重。首先，妻子是不是可以出去工作，是不是也可以交一些朋友？如果换作是我，我肯定会出去找一份相对清闲的工作，同样可以照顾好家庭；

其次，我会发掘自己的爱好，参加各种社交活动，人应该生活在群体之中，不要老待在家里。作为丈夫，也应该尽可能减少应酬，多跟妻子沟通交流。

你看，只要双方平衡好生活跷跷板两端的重量，问题就解决了。所以说，一旦生活的跷跷板太倾斜了，就要提醒自己，纠正自己。唯有这样，你才可能体会到生活的幸福，体验到家庭、事业、生命给予你的无限乐趣。

04 顺水推舟总比逆水行舟好

我在办公室，甚至大街上常常被问到同一个问题："我什么时候应该要求加薪？"

对于许多人，或者大多数人来说，加薪的问题似乎是头等大事。当然，人们付出劳动主要是为了得到相应的报酬，那是他们生活的主要来源，只不过有的工资按天结、有的是按周结、有的则是按月结。

对工资多少漠不关心，也不考虑是否涨工资是慵懒和不上进的表现。

无论你挣得多与少，对于涨工资的问题你都该仔细斟酌。挣钱是凭本事的，你能力越强，就越有资格要求加薪，你受之无愧。

但少安毋躁，首先要明确一点：在商品化的思潮中，无论你是一个纺织机前的工人，还是一个马路上的促销员，或者一个站柜台的售货员，从商业角度考虑，都如同一件商品。

你自身以及你的能力，都相当于可供交易的商品。

你想要推销的商品就是你自己，在推销自己的过程中不要自吹自擂，愚人才那么做。如果折价出售，或者低于自身价值，即使推销出去也无利可图。

你应该以一个合理的市场价位出售你的能力，既不要折价也不要溢价。如果折价，那你就是个傻瓜，除非没有选择的余地。如果过度吹嘘自己，也同样愚蠢，因为你的饭碗就要保不住了。

当你确信自己已经升值，并且能够充分证明这一点的时候，你可以提出加薪的要求，否则继续干好本职工作。

你自身的价值并不是要考虑的唯一因素。对老板来说，员工的自身能力固然重要，但由此所创造出的价值才是最重要的。因此，除非你更有能力为你的老板创造利润，否则就别指望加薪。

当你觉得时机成熟的时候，就去找你的老板；暂且别直接要求加薪，而是进行一次推心置腹的交谈。如果对于你和他，你的价值都提升了，而且企业运营情况良好，一个称职的老板就会主动给你加薪。如果他没有，那你应该早做打算。

注意不要过早要求加薪，最好先等一段时间，"顺水推舟"总比"逆水行舟"要好。

顺水推舟在很多时候是接近完美的处世哲学。它的要点在于把控好语境和时间。

有气度的老板通常会很赏识他的员工，不会由于员工提出任何意见和建议而不快。他会对员工做出让步，但前提是你得先给他回旋的余地。如果他不是这样的老板，你再掌握主动权也不迟。

找到自己的价值所在，发挥自己的能力，你一定会"物有所值"。

05 成事，漂泊者在躲避，航行者在前行

这里所说的"漂泊者"，不是普通意义所指。我所说的漂泊者，是指那些没有方向、被现实弄得乱七八糟、人生路线走得错落百出之人。

有这样一个人，他30多岁了，单身，他心里很迷茫，也很郁闷。于是，他决定去请教心理医生，询问关于自身发展的问题。心理医生第一眼看到他时，他身穿一件黑色的西服，打着领带，看起来文质彬彬。心理医生问他需要什么帮助。他说他很困惑，不明白为什么自己如此努力，积极寻找机会，事业就是不见成功呢？

心理医生没有立刻回答他的问题，而是

让他详细地、全面地将其人生经历讲出来。

大学毕业后，他满怀激情去西部做志愿者，从事农村医疗工作。两年后，和他一起去的同学因有另外的发展机会，去了深圳。之后，他觉得在西部找不到用武之地，于是他也离开了，之后去了上海。因为他觉得在上海这个中国经济中心，一定能让自己有更大的作为。到了上海，事情没有朝他预期的方向发展，他每个月的收入大概在 3000—6000 元。上海高昂的生活成本，特别是住房问题，使得他窘迫万分。这时，他想去二线城市发展，于是去了成都。这次，他在成都发展得还可以。后来因为父母身体不好需要照顾，他便回了老家，开了个诊所。不甘寂寞的他，还是觉得应该出去，便到了云南，做销售工作。看到别人当老板挣钱，想着给他们打工实在不划算，现在他想自己当老板。

在听完他的讲述后，心理医生归纳出他的人生轨迹：满怀激情不甘现状——寻找突破——窘迫万分——回家——不甘寂寞——再次出去——不划算——自己当老板。

"现在，你清楚这些年你所走过的路吗？"心理医生问。

"是的。"

"那么，你应该明白为什么了吧？"

"……"他恍然大悟。

这样一个能力挺强的人，为什么一直没有得到很好的发展呢？

　　我毫不怀疑类似这样人的能力，他们头脑灵活，但是，他们往往忽略了一点，就是他们看起来是在不断地前进，其实那是假象，他们在变相地逃避。换句话说，他们只知道什么是自己不想要的，却不知道什么才是自己真正想要的。这样的人目标模糊，他们到处漂泊，去过的地方不少，做过的职业也挺多，却从未有过稳定的发展。这种人生发展轨迹用一个字来形容，就是"乱"。

　　他们居无定所，到处漂泊着，给别人的感觉是满怀激情、梦想远大、适应能力强，但却没有真正的目标。在这几个特点中，前三个没有什么问题，问题的关键在最后一个。因为，没有真正的目标，他们会不自觉地跟随"自以为很好的机会或者机遇"。但是，一旦付诸行动后，他们又不敢面对现实，选择逃避。

　　所以说，这样的漂泊者注定了一辈子都在躲避什么，而不是在追求什么。一个看似忙碌却没有真正追求的人，他能有很好的发展吗？他们注定沉没在原本可以让他们成功的大千世界里。他们的脚步凌乱不堪，不知道要去哪里，只能这样不停地漂泊着。如果不改变，他们唯一的结果就是一无所有，一无是处。

　　现在，我们来看看"航行者"，他们是什么样的人。说得具体点，他们往往是行业的精英，高端事业的管理者。航行者前行，从不躲避什么，在遇到困难的时候，他们想的是办法，

心无定向是成事者的绊脚石，我们应该毫不犹豫地踢开它。

坚持的是目标，他们把到达彼岸设定为自己唯一的目标，无论遇到怎样错乱的人生轨迹，都能在错乱里蹚出一条通途。知道自己要去哪里，要去做什么。这是我对他们人生路线走向的评价。他们和漂泊者同样拥有激情、梦想远大、适应能力强的特点。不同的是，他们有一个真正的目标。

好了，问题的关键找出来了。那么，你不妨这样提问：漂泊者与航行者相比，哪一个走得更远？通过对比，我们知道，航行者因为心里清楚自己要什么，所以从另一个角度来讲，他也清楚自己应该放弃什么，通过放弃得到更多。生活中，这样的例子很多。比如，放弃一个不值得你爱的人，然后和一个愿意与你同甘共苦的人在一起，之后婚姻、家庭、事业蒸蒸日上。放弃一份月薪高却阻碍你能力发展的工作，最后找到适合自己的发展平台，人生价值得到了更大的体现。

有很多人都在抱怨自己为什么比别人差，别人总是顺风顺水。如果你知道自己抱怨什么，缺少什么，却不知道如何去改变，那么，请你仔细审视你周围的人，看看哪些是漂泊者，哪些是航行者。他们在哪些地方碌碌无为，在哪些地方红红火火，在哪些地方徘徊不定，在哪些地方及时结束。通过这样的审视，你会发现，漂泊者永远目光散乱，眼神黯淡；航行者目光坚定，眼神淡定并充满睿智。

你离成功只差那么一点点，就是因为这一点点你没看清楚，你注定是一个漂泊者。漂泊者会因为失败而感到迷茫与害怕。所以，他们会想着躲避。他们越是躲避，人生脚步越乱，浪费的时间和精力就越多。是选择做不知归宿的漂泊者，还是做一直向前的航行者，你自己决定。

但我相信，航行者会穿越大海的风暴，最后到达胜利的彼岸，而漂泊者只能随波逐流。

06 选对职业，才有可能得到最大的成功

薛尼·史密斯说："做天生该做的事，你就会成功。做其他的事情，将比一事无成还要差上一万倍。"

记得一位作家说过："只有天才一开始就知道他们最有能力做什么。年轻人的心理能力是不断发展的，只有发展到某一阶段时，他们才会清楚地看到自己的优势。有时候，在找到合适的位置或最适合做的职业之前，要尝试两三个职业。这样的事不仅发生在普通人身上，也发生在能力非凡的人身上。"

然而，我们来看看当下的许多年轻人，他们学习的目的就是使自己有能力适合某

种职业，但实际上他们天生对此没有兴趣或无意从事。这种教育使他们不适合做他们所学的职业。这些学生并不成功，他们对任何事情都一知半解。

许多人没有考虑遗传倾向和职业对体质缺陷的影响，例如，一个年轻人，先天性心脏衰弱，从事一种必须剧烈运动或精神紧张的职业，当然不会合适。再如，有肺病倾向的人选择了这样的职业——工作场所空气闷热、密闭，地面几乎满是灰尘，或者总是处于高温或潮湿的环境中，不见阳光，那么，像他这样的人也不会成功。

因此，从这个角度来讲，理想和爱好不会总是选择职业的安全向导。我们不妨这样分析：一个体质极其孱弱、体力不足的年轻人可能极为渴望做要不断曝晒、需要持久力的艰难工作。而这份工作需要一个有着钢铁般体格的人。这样一来，就很容易理解"理想和爱好不会总是选择职业的安全向导"这句话了。

一些人在室内工作会变得紧张易怒，他们需要户外的生活。选择一份需要久坐的职业对于他们来说就是选择自杀，这也可看作是职业与自身状况不匹配的一例。

无论做大事业还是小事情，无论赢得了财富和名誉还是在天性使然的合适的位置上依然不为人知，任何命运沧桑世事变换都不改，也不能夺走我们过美满生活的权利。要知道，我们出色地完成了工作，又在饶有兴趣的领域做出了令人佩服的成就，凭什么让人带走我们的满足感呢？其实，无论你的工作是什么，从事真正适合你的职业就是在"过着你的生活"。如果你用天赋来过活，就一定会完全发挥自我。

因此，选择职业是非常关键的问题。一定要考虑到环境是否有益于你的身心健康和你想要过的生活。

有一些职业是阻碍身心发展的，我们在选择职业时要考虑到各种因素。比如，工作是否苛刻与繁忙，你是否能够忍受长时间封闭的室内工作。

例如，一个男孩儿就因为离家近，所以可能会进一家火柴厂工作，或者在钢研磨厂或是危及生命的化工厂工作。他可能认为这是份好工作，因为他缺乏胜任其他工作的文化知识。同样，他不知道吸入的钢尘碎片会渗透到肺组织里，最终造成慢性充血；或者火柴厂产生的磷会进入他的体内，损害牙齿和一些其他的器官，终将导致死亡。

对此，基督教青年会职业咨询局的富兰克·帕森斯博士说过："如果一个男孩儿从事适合自己的行业，那么他比无意间进入不适合的行业会取得更大的成功。"

帕森斯博士又说："一个与工作者的兴趣和能力不相一致的职业意味着低效、没有热情，也许，还有令人厌烦的劳动和低收入。而一个与天性和谐的职业意味着将对工作投入热情，获得高经济效益——优质的产品、高效的服务和高收入。此外，若能在日常工作中发挥最高才能，并赋予极大的热情，就意味着为今后的成功和幸福打下了基础。如果在工作中不能展现你最大的潜能和热情，或者找不到合适的领域和机会施展才华，且职业仅意味着一种谋生的手段，那你只能实现小部分的自我。"

除了选择另一半，人生中没有任何一步比选择职业更重要。也就是说，是否明智地选择了毕生的职业和能否在职业中得到全面的发展，对年轻人和社会都是要面对的关键问题。为此，我们应该谨慎地、科学地解决这些关键的问题，适当地考虑个人的兴趣、能力、理想、资源、局限及在不同行业中成功的条件与这些因素间的关系。

选择职业是一件严肃的事。职业对人格塑造的影响是大，对于维持生计的影响是小。有些人觉得和朋友在一个地方工作很开心，于是选择了和朋友在一起工作，并选择了朋友的职业，他们浪费了很多宝贵的时间后才发现自己找错了位置，犯了错，朋友的职业和工作不适合自己。人生最大的悲剧之一就是误入了某个职业，没有经过认真的评价、谨慎的选择和充分的准备。

当今，正确地选择职业比以往任何时候都更有意义。因为一切都在向专业化转移。如果不能正确选择就不能完全发挥自我，更谈不上在某个职业里做到专业。

选对职业，就是抓住人生的机会。唯有抓住机会，才有可能得到最大的成功。

07 让毕生的工作成为一个杰作

衡量自己工作价值的标准是什么？薪水的多少吗？

以薪水的多少来衡量自己的工作价值，也是无可厚非的。不过，我们可能忽略了这样一种情况：我遇到了许多只用钱来衡量自己工作价值的人，他们以一种谦卑的方式谈到工作，最终以这样一句话结束：嗯，这工作的薪水还不错。

但是，在他们的内心深处，他们知道现在从事的这份工作是损害了他们的名誉的，同时也可能降低他们的身份，如果从这个角度来讲，就算薪水还不错，也没有给自身带来什么好处。这是因为，你从事的每个工作都会给你留下或好或坏的标记。

于是，我建议你不妨这样去思考：你的工作倾向于让你变得更伟岸还是更渺小？它激发出你最优秀的潜质了吗？它充分地利用了你最好的资质了吗？它使你成为更强大、更可信赖的人了吗？这些是你要问自己的重要问题。如果答案是"没有"，那么这个工作不适合你。

任何工作的目标都是能最大限度地激发出人的自我。比方说，如果工作只是引发了你的贪欲，如果工作只意味着你正在培养贪婪的本性，那么你是不会成为一个了不起的人的。

在决定进入某个职业领域之前，最好先了解一下在你打算选定的工作中做事的人们。

具体来说，包括这些内容：

序号	内容
1	该职业提高了那些从事这份工作的人的境界了吗？
2	他们心胸开阔、自由了吗？他们的智慧得到提升了吗？
3	他们已成为墨守成规、只是依附职业生存的人了吗？
4	他们在社会上是不是没有地位，工作中也无用武之地？

......

千万不要轻视这些问题，也不要以为你会是个例外——可以选择自己不喜欢的工作，但不能成为工作的傀儡。事实恰好相反，尽管你已下定决心，尽管你拥有足够的意志力，但是

163

根据丛林和习惯的法则，工作还是会像钳子一样抓住你、塑造你、改变你，在你身上烙下深深的印记。

一定选择一个能激发潜能的工作。因为你内在的巨大潜能将会在工作中被激发出来。记住一个目标：工作不是让你成为著名的律师、医生、商人、科学家、企业家、学者，而是成为一个崇高的人。正如加菲所说："我祈求你，请不要满足于进入任何一个不需要、也不会使你的心智得到发展的工作。"

我从不喜欢听人们谦卑地谈论他们的事业。因为，工作给予你的回报就像你也会为它而努力奋斗一样。换句话说，如果你不尊重工作，那么它就不会尊重你，不会照顾你，不会使你成为令人尊敬的人，也不会让你在社会中处于尊贵的位置。

如果你正在做该做的事，那么你就会感到自己是个大师，会为自己的事业而自豪。因此，重要的是你一定对自己有极高的看法，对自己的工作给予很高的评价，你一定把自己看作大师而不是工匠，否则你就是在人生错误的轨道上。

盖基说："你可能在这方面获胜而在另一方面失败。你可能极其高价地购买黄金，但如果用健康去交换，那就是个亏本的交易。如果用自由交换，那相当于用珍珠去换小玩具。如果你用灵魂、自尊、安宁、人格和品质去交换，那就付出了太大的代价。"

记得一个作家曾说："如果工作的本质及其影响都是邪恶的，那么它就不会成为人类真正的事业。没人能承担得起在道义上一个令他感到可耻的职业。如果一个人自愿从事降低自己或其他人身份的工作，或者这工作易于摧毁人类的快乐、毁掉同胞的财富和才能，那么，对他来说，真正的尊严、快乐和安宁是完全不可能得到的。"

这个作家还说："我们应该像避瘟疫一样地逃避任何有害的工作。这声名狼藉和有辱人格的职业造成了罪恶和伤害，即使金钱、谄媚、奢华和荣誉可能暂且弥补了这一切。但是，迟早这似是而非的错觉终会被驱散，可怕的结果将会出现，日夜的自责和苦涩的懊悔将袭上心头。更何况，低微的、不正当的职业使人们对金钱的期盼大大超出了它的购买力。在这样的工作中，取得成功是即将降临到有责任感的人身上的最悲惨、最大的不幸之一。对于狠心的老板和他的受害者来说，是失去和厄运。"这就是说，从事有害工作的人，其成功虽然令他们的上司满意，但他们的内心却因为用了不正当的方法而无休止地抗议。进一步来讲，由于他们的工作不是完全正直的，因此他们的做事方式就不适合他们的位置，尽管这并非出于本性。然而，当他们赚钱的时候，灵魂深处的本性抗议他们用这天赐的心智去做如此可耻的事。

人内心深处有一些东西是不能收买、玷污和欺骗的。无论你赚了多少钱，获得了多高的职位，如果你做事的方式是不应有的，是不正当的，那么你就不能平息内心的抗议，也无法停止这发自体内的抗议的声音。此时这声音会说，"你错了，你知道你是错的。这种职业是你不应做的。你正用这天赐的心智去完成非常卑微的目标。"因为他们不能平息这声音，所以他们内心会有抗议。这就是让这么多已赚了钱又得了名的人如此悲惨的原因。总之，无论他们的财富或是名誉，都不能停止内心抵制他们可耻的滥用天资的行为。这天资本应该用来发展、改善人类世界，充实和提高他们自身的人格魅力和品质。许多年轻人就是有了这样不幸的开始，人生错误地转折了。在事业开始阶段，哪怕只是失之毫厘，也会产生差之千里的后果。

做最适合你做的事情，从事能使你展现自我、展现个性和生活的工作，那是你生命的一部分，你会乐在其中，有无限的自豪感。

我们看到人们在生活中失败，因为他们在成为律师之前没有成为真正的人，在成为政治家和医生之前没有成为真正的人。虽然这个世界不会特别关心你从事了什么特殊的职业，但它确实要求你应该在事业中成熟起来，成为真正的人。要知道，事业的背后应该有一个真正的人，一个为了目标而奋斗的人，一个在你生存的时代事有所成的人——一个会为职业之外的、更高尚的目标而奋斗的人。这样将对你的人生有着积极的意义。

在这个世界上，有什么事会比一个人对胜任工作的自我肯定更令人自豪呢？有什么会比感觉我们一直是诚实的、纯洁的、正直的使我们更快乐呢？有什么会比我们一直勤奋地工作，又努力实现了内心的伟大理想蓝图使我们更快乐呢？又有什么能比在事业之终，回首勤奋而又荣耀地度过的时光使我们更骄傲呢？这些问题不用我多说，你只需要在每晚入睡时知道，你不但没有亏待别人，你自己也没去做不正当的工作，这就可以知晓答案了。记住这样一句话：知道自己没有把不该做的事带到日常的工作中，这就是满足感。若非如此，就不会感到真正的幸福。

倘若你是一个正直又有创造力的人，而不是一个抄袭者或模仿者，职业就该是真我的外在表现。这就仿佛你已经深入自我，专研、探究、激发出了潜藏内心的宝藏，并把它们展现给世界。每个人在他的职业中都应该是个大师，而不是工匠。

找到了合适的职业，就应该为它而骄傲，因为那是你的理想。让我们来考察一下米开朗琪罗的杰作。我们不必认识这个人，从他的壁画和雕塑中，就可以看出他的天资——他的聪明才智，他的独创力、机智和精力充沛的个性。而且毫无疑问，他在事业中找到了永久的快乐。试想一下，如果他被迫从事一些与他的天性完全对抗的工作，那么就不可能展现出自我的天性。

让我们毕生的工作成为一个杰作吧！在你去世后，它将是你永久的留念。

08 关键的是你，而不是"别人"

许多失败者都有意或无意地忘记了自己，而过分关注别人。他们总在羡慕、强调、嫉妒……别人如何了：若"别人"被提拔，他们就妒忌得不得了，认为老板不分青红皂白，不公平，觉得正是这种偏袒与运气让别人平步青云；若犯了错误，他们不是去改进自己，而是忙于去找"别人"犯的错误。然后，以别人粗心犯的错误来为自己开脱……

瞧，这些都是失败者的常态！我们甚至可以将他们称为"垮掉的一族"。

但，作为一名成事者，这些负面的情绪都不会存在。即便存在，也如云烟随风飘逝。因为他们的关注点在自己身上，清楚自己是什么样的状态。

许多年轻职员没能获得加薪，他们不是分析自己的不足，而是径直走到老板面前，理直气壮地说："你为×××加薪了，我想你也应该为我加薪。"

瞧，他们的勇气多么充足！看来，还是有相当一部分人不知道该如何运用这一脆弱无力与能效不高的言论。如果让他们去开辟新市场，或者做一个难度较大的项目，他们就像枯萎的花朵，毫无生机地耷拉着脑袋，变得毫无斗志。

我想，这样的人应该是忘记了这一切都取决于"他们自己"而不是"别人"。他们自己所做的才是最重要的，而"别人"其实并不那么重要。一味想到别人只会站在别人成功的制高点，对自己就容易产生妄自菲薄的负面情绪，将你自身的优势掩藏起来，甚至完全忽视掉。我总在强调人才是最重要的资源，你自己就是一座金矿，好好地挖掘自己吧！好好地让自己闪闪发亮。

所以，还是让"别人"自己忙活去吧，要与他们友善地相处与相互交流。当他升擢之时，恭喜他；若他是个好老师，向他学习。不要因此而妒忌别人，即使自己不能像"别人"那样获得提拔，这至少表明一点：若你物有所值，公司是愿意提拔你的。

更深层来讲，"别人"被提拔应该激发你的斗志，让你更加努力。如果别人获得提拔反而会让你变得更为出色，那你才是最厉害的人呢！若你完成自己的工作，履行自己的诺言，下一个成功者就是你了。

若你展现的能力与报酬是等值的，那么额外的报酬也应该为你所得，企业主明白给了你这一份报酬，你会更加卖力为他工作。

老板不愿意给自己加薪，理由有很多。我不是要求你听之任之。但明明应该加薪的却没有加薪，这样的老板毕竟是少数。一般而言，老板都会为了充分调动职员的优势，"理所当然"地给你加薪，这是于他有利的，若于你没利，他的目标也是不可能达成的。所以，两者并不矛盾，反而和谐统一。若你物有所值，他会给你更高的月薪，而不是一两千元；若你展现的能力与报酬是等值的，那么额外的报酬也应该为你所得，好老板不会吝啬这笔费用的，因为他乐意给你，更因为他明白给了你这份报酬，你会创造更多的利润。双赢的事，何乐而不为呢？更何况，那些想大展拳脚的企业主都不想要没有效率的职员，因为这不利于企业的发展；更何况现代企业主需要的是效率，在大多数情况下，他愿意多付一点钱来获得这样的服务。

不要做卑微者，你会忽视掉这样一句话的作用：关键的是你，而不是 "别人"。

在你能力不够的时候，同样如此。前提是要努力地提升自己，千万别懒惰。懒惰是毁掉自己最好的 "腐化剂" 之一。

还是做自己的掌舵者吧！ 99% 的年轻职员之所以没有成就，就是因为他们看低自己，没有意识到无论自己的地位多么卑微，他们始终是自己命运的掌舵者。

09 换一个地方，换出传奇

　　我们有多辛苦，只有自己知道。别人或许不知，是因为他们不曾体会到你的艰辛——他们更在乎的是那个成功的结果。

　　辛苦的形式，其实还挺多的。比如，你每天早出晚归，在地里辛勤劳作；你熬夜写作，甚至通宵达旦；你挥汗如雨在建筑工地干活，一天只有几十元收入。辛苦是生活中我们不可躲避的一个词语。因为辛苦，我们感知到一切得来不易。因为辛苦，选择到一个更好也更陌生的地方去打拼，是我们很多人的宿命。或许，你要说不应该用"宿命"这个词，但有多少人不就是为了生活、为了理想而远走他乡吗？他们因为对自己原有的环境不满意，自愿或不自愿地离开。

其实，这也关乎生活环境对一个人的影响。从"孟母三迁"的故事中，我们可以看出生活环境会对人产生一定影响。但是，从实际影响效果来讲，每个人受影响的程度并不完全一样，这取决于个人对环境的感知力及对周围环境的适应能力。

一个人是在对周围生活环境的反抗中获得成功的。你到一个陌生的地方工作，不正是为了更好地发展，更好地展示你的才华，从而实现你的人生价值吗？原来的生活环境，让你如同井底之蛙。唯有走出去，到陌生的地方，你的一切才会得到改变。

一位渴望成功的青年一直在寻求获得成功的捷径，但未能如愿。一天，一位老婆婆给他一块石头，让他拿去菜市场叫卖，结果无人问津。年轻人无奈地回来告诉老婆婆，石头一文不值；老婆婆让他拿到珠宝店门口去卖，结果有人出价30块钱，年轻人没卖；他拿着石头再去问老婆婆，老婆婆让他拿到外国人经常出入的古玩市场去卖，结果一个游客愿意出价300块买这块石头。

年轻人突然醒悟，原来同样一块石头，放在不同的环境产生的价值是不一样的。你在这个地方是一块"废铜"，在另外一个地方有可能就是一块"金子"。是选择做"废铜"，还是选择做 "金子"，我想答案谁都清楚，除非你不思进取，愿意维持现状。这个世上有多少人外出工作，他们从一个地方到另外一个地方，就算是跋山涉水，万般艰辛，也要离开原来的地方。在他们心里有一种强烈的改变自我的愿望，这种愿望给予了他们不怕辛苦的力量。

生活中，有很多人选择到另外一个地方去工作，有不少人成功了，也有不少人失败了，这并不奇怪。每个人的实际情况不一样。但有一点可以肯定，那就是成功的人对新环境是比较适应的。道理很简单，人是不可以与周围环境脱离的。如果一个人与周围环境脱离，他就会被孤立，这样对他并没有好处。因此，人必须对新环境有所适应。当然，方法有很多，你可以选择适应，也可以选择改变，但是长期的沉默会使你产生一种可怕的态度，那就是对外界的感知会变得迟钝。

人的潜能是无限的，只要肯去挖掘。对于一个新环境，我们可以先尝试着适应，但同时要改变它，这样我们既适应了环境，环境也适应了我们，我们就能很快融入新的环境，并且相对自然地活动于其中。当然，在这个过程中，我们的心态也很重要，乐观的心态可以使我们很容易地去适应和改变生活环境，而悲观的心态只能产生反作用，使人消极以致麻木。总之，生活环境对人的影响是多方面的，我们既要调整适应，同时也要积极改变，这样才能又快又好地让生活环境为自己所用。

现在，我要说改变自己的另一种形式——到陌生的地方工作，这是一个可以改变自我的可选模式。如果你在原来的生活环境中活得并不理想，甚至痛苦不堪，那么你不妨到另外一个地方去。同样是辛苦，但辛苦换来的结果可能完全不一样。

你同样在弹琴，听众也许是牛，也许是知音，你为什么对牛弹琴而不面对知音呢？树挪死，人挪活，如果我们在原来的环境不死不活，那就挪一挪，没准挪出一段传奇。

10 　从不理想中寻找理想

　　人生的第一份工作是不是总是既辛苦，薪水又少？请看下面这些人的第一份工作——

　　杰克·韦尔奇，通用电气公司的董事长兼总经理，第一份工作是鞋店售货员。

　　查克·诺里斯，美国哥伦比亚广播公司的电视节目明星，第一份工作是包装工。

　　奥普拉·温弗瑞，著名脱口秀主持人，第一份工作是在杂货铺打工。

　　盛大网络 CEO 陈天桥，第一份工作是上海陆家嘴集团的放映工。

　　……

　　这些人，他们的第一份工作都不理想。可是，他们后来都过得很理想。

现在，我们来看看"多数人的第一份工作都不会很理想"这个问题。没有哪个成功的人士，他最初的时候就是成功的。也没有哪个成功的人士，一开始就能找到一个让他如愿的工作。所以，我用了"不理想"这个词汇来加以概括。当然，不理想并不意味着一直都不理想，这只是一开始的状态而已。这跟"坏的开始并不意味着坏的结果"是一样的道理。

人生的第一份工作总是薪水又少，还十分辛苦。面对这样的困境我们该怎么办呢？从心理学角度来讲，我们必须建立起对自己、对工作的认同感，这一点很关键。如果你能建立起这样的认同感，你就能拥有做事情的兴趣。有了兴趣之后，你才有信心。有了信心之后，你才有动力。

那么，如何建立起这种认同感呢？这就需要我们正确地认识自己，做人既不能自卑，也不能好高骛远。看轻自己或者说过于自负，就会使原本还处于"安稳状态"下的事情走向极端，都不是通往成功、为以后找到一份合适工作的正确态度。

对此，我们不妨来看下表——

正确认识自己者	我就是最真实的自我，我能感到美好。
不能正确认识自己者	我如果不是我，而是另外一个人，那该有多好啊！
正确认识自己者的本质	真实、有兴趣、自信，能准确看清楚自己的价值。
不能正确认识自己者的本质	虚妄、无兴趣、自卑，不能正确看清楚自己的价值，对他人的眼光、成就过于敏感。

上述两种不同的心理模式在很大程度上决定着一个人今后的走向。换句话说，能否正确认识自己将左右着一个人如何立足于当下，着眼于未来。因此，刚走向社会的你，不妨记住这样一条定律：除非经过你自己的允许，否则，没有任何人能够使你觉得低下。

有这样一个故事，一只青蛙对自己用四条腿用力，一蹦一跳的走路方式极为不满，总想着要是能像人一样两条腿走路那该有多好。于是，这只青蛙就不停地到河边的寺庙中向佛祖许愿，祈求自己能像人一样两条腿走路。

祈求的日子是年复一年，终于有一天，这只青蛙如它所愿，可以像人那样两条腿走路了。它为此觉得很了不起，却忘记了自己捕捉食物的本能，再也无法捕捉到食物了。没过多久，青蛙就因饥饿而死。

这个故事说明了什么呢？对目前状况过于不满，就会渐渐地迷失自己；过于在意别人的看法和成就，会导致自己走向死胡同。我们人生的第一份工作也是如此，尽管不能让你满意，但是如果你只会抱怨、发牢骚，甚至提不起兴趣，得过且过，好高骛远，最后只能进入死循环，找不到出路。

如果一个人总想着不切实际却又让自己心潮澎湃的工作，最终的结果只能什么都做不成。更可怕的是，你的能力和潜能都会因此而倒退。因为，一个无法正确认识自己的人，他将看不清楚自己。

在这里，笔者之所以要列举上述的内容，只是想告诉你：如果你刚进入社会，不要奢望自己马上就能找到理想的工作。有很多好工作往往不是等来的，你必须要有第一份工作，哪怕是不满意的，十分讨厌的，也一定要经过这份工作的历练。

当然，其过程是痛苦的、无奈的，它会考验你的毅力、你的勇气、你正视自己的态度等很多与你今后发展密切相关的东西。

如果你熬过来了，如果你因此而变得坚韧不拔，那么，在你今后的职业生涯中，有这样的苦难作为基础，你就会无所畏惧，你就会在不断的进步中找到适合自己的工作。

11 三瓶做对事情的清醒剂

第一瓶：旁观者的心态

这里说的旁观者的心态是指察知与静观，这种态度究竟对我们在解决问题时有什么作用，想必这是很多人都想知道的。

当我们跳出常规的思维模式，就可以看清思维的活动本质。伟大的爱因斯坦说过，我们不能在产生问题时的统一思想高度上解决那个问题。爱因斯坦这句话，我们可以这样去理解，我们要提升自己的思维高度，才可以解决之前的问题。那么，何为提升思维高度呢？简单地说，我们只有跳出二元思维，才可以看清思维的本质及内容。

思维的作用是带动我们的言与行，并决

定我们的言与行。这种力量很强大，很多人都是受制于它的。比如说，某个错误的思维可以让你付出生命的代价，这样的例子在现实生活中有不少。

虽然说要超越思维，可这谈何容易？像爱因斯坦这样的人物也不是说有就有。要想超越思维，需要靠灵性的觉醒和带动，这种灵性就是你心灵的力量。大概正是因为这种灵性的觉醒很难，所以才造就了人活在世界上的孤独本质吧！这好比史铁生在《我与地坛》里所表达的那种人与人之间难以沟通的状态一样。一个人的意识对于自我的观察好像总有一种束缚，当事人好像很难完全跳出自我而站在一个纯粹客观的角度来看待自己。

正确的旁观者的心态可以跳出事件，以高于常规思维的角度去重新审视事件的本质及内容。通俗地讲，你知道发生了什么，但不作出反应和评判，你只是平静地知晓，镇定自若，身在其中，置身事外，这绝不是你的冷漠和自私，也不是你没有立场，这样的态度是不能理性理解的态度。这样的静观是你内心没有针对事情产生任何思维和情绪，并不是简单说你在行为上没有反应。

但人的性格是大不相同的。比如有些人沉默寡言，压制自己的情绪，表面看起来他没有什么反应，但这不是真正的静观。静观是你的内在状态，无思无念的虚空状态。因此，静观的态度并不会让人成为一个没有任何作为的人，反而这样的人会做出很大的成绩，拥有非凡的成就。

若一个人不能以旁观者的心态去看待问题，这其实也不是性命攸关的事情，比如与你无关的事情，与你影响不大的问题。关键是，在与你自身利益关联的事情上，你是需要拥有旁观者的心态。

事情与你无关，你自然觉得怎样处理或许都是可以的。但是，关系到你自身的事，是你必须面对的；与你休戚相关的事情，你要置身其中；当你面对着自己的利益得失和人际冲突时，你无法躲避。

所有这些与你相关的事，你能做到毫不执着、不动声色，就说明你已经拥有旁观者的心态了，而你的内心也达到了超然的静观。因此，拥有旁观者的心态，对你的为人处世有很好的现实指导意义的。

第二瓶：接受与抗拒的处世态度

接受与抗拒依然是你的态度问题。这是因为你选择接受还是抗拒，完全取决于你自己。既然是态度问题，那么就存在着一个问题，有些人就是不愿意去接受事实。对于不接受既定的事实有两种情况：一是不服输，不满意；二是愚昧，钻死角。

其实，接受与抗拒的那个结果已成事实，唯一能改变的是你的心情。例如，你被某人无缘无故地臭骂一顿，按常理选择，你一定会火冒三丈，并且质问对方："你为什么骂我，你是不是有神经病？"但这是无效的，甚至有些愚蠢。你无法改变的是他骂你的事实，这是一种结果，已成为过去。他骂你，改变了你的心情，你愤怒、疑惑、伤心，总之，他改变了你的心情。如果你接受这个事实，不去抗拒，你虽然看到他骂你的事情发生了，可这没有什么，你就当作是一出闹剧吧，无所谓。这样，骂你的人会自讨没趣，也会知趣地离开，因为他会觉得他这样的无理实在没有意思。

但是，这里所说的接受不等于赞同、纵容。其实在接受的过程中，还包含了你允许其存在和发生。接受与抗拒之间其实很微妙。此外，有些时候你也不必去抗拒，不赞同也不等于要去抗拒，这和庄子的无为思想有着类似的道理。

接受与抗拒是你处世态度中不可缺少的一种，它有助于你化险为夷，也可以让你静心旁观，快速看清事情的本质。这种态度在你的生活、工作中会给你带来轻松，规避烦恼。

第三瓶：以受害者的身份从中得到收获

受害者会获得什么样的收获？这样的问题表面上看来有些滑稽，甚至有些不可思议，但我们若通过内省，进行思考，便会有意外的收获。

当你处在某种制约之下，你按照这种制约做出决定，自然就很容易成为受害者。例如，你因为急需用钱，不得不答应为某人做一些你原本不想做的事，那么那个人和你做的事会给你带来痛苦和难受，你就成了别人错误的受害者。当然，也有一些意外的不可抗拒的因素使你成为受害者,比如家庭的突变、车祸、自然灾害等。

在现实中，我们可能在无意之中就为自己设定了很多条件，当然也有制约。当好的条件给予你时，你在这样的情况下，自然感觉很好，也得到了好处。但如果换了一些条件，并由此给你带来了制约，这个时候，你就感觉不好。比如，你的爱人对你关怀备至，你感觉很幸福；爱人与你闹矛盾，你感觉很痛苦；爱人高兴你就高兴，爱人悲伤你就悲伤。天气的好坏影响你的心情，股市的跌宕让你胆战心惊。这些你内心隐蔽的想法，让你备受煎熬。但当你看清楚这些制约后，你的心情好与坏完全由你自己掌控。外界的、他人的不能影响你，你内心超然大度，这不是很好吗？

很多人都扮演过受害者的角色，有过受害的经历。当你成为受害者之后，你产生伤悲、愤怒、不平的情绪，但这是短暂的，你应该做的是吸取教训，从中获得经验和启发。在日后做每一个决定时，你要想清楚，你是依自己的心愿做出，还是根据外在的条件而做出。这里所说的条件，是指使你非常被动的条件、制约你的条件。因为，实际上，受害的实质就是被自己的条件所害。

　　若我们可以不受外界的因素所控制，比如他人的思想行为，威逼利诱，等等，那么至少你可以减少成为受害者的概率。依据自己内心的意愿做出决定，才是真实的你。虽然做出决定有风险，但不做决定的风险更大。而你承受风险和未知的结果，却是你做出决定的力量和乐趣所在。

　　所以，受害者并不一定代表痛苦、后悔、愤怒。关键是，你可以因此而觉醒，在你做出每个决定的时候，最好与自己的内心意愿保持一致，你会因此成为事情的享受者。

12 习以为常是你发展中的绊脚石

著名心算家阿伯特·卡米洛很少"失算"。这一天，他做表演时，有人上台给他出了道题："一辆载着 283 名旅客的火车驶进车站，有 87 人下车，65 人上车；下一站又下去 49 人，上来 112 人；再下一站又下去 37 人，上来 96 人；再再下站又下去 74 人，上来 69 人；再再再下一站又下去 17 人，上来 23 人……"

那人刚刚说完，心算家不屑地答道："小儿科，告诉你，火车上一共还有——"

"不"，那人拦住他说，"我是让你算出火车一共停了多少站。"阿伯特·卡米洛呆住了，这组简单的加减法使得他"败走麦城"。

习以为常的意思是说某种事情经常去做或某种现象经常看到，也就觉得很平常了。当我们觉得事情经常发生就是正常的时候，实际上我们已经处于一种麻木、盲目的状态，对待事情的方式、人际交往等都是用"习以为常"的思维模式。我们每个人或许对未知和可能性的变化有着恐惧的心理，这情有可原，但如果因为惧怕而以欺骗自己的方式来掩饰自己，并以此达到"安全状态"，有可能导致我们陷入停滞不前、重蹈覆辙、追随俗流的状态。

生活在某种自以为的正常之中，你的生活将缺少很多乐趣，你的事业将没有生机。很多时候，我们对习以为常的事都不会放在心上，并且会以平常的思维去思考、对待。因此，习以为常只会让我们陷入一种可怕的"死循环"。但世界上的万物都是发展变化的，这个我们无可否认。倘若你依旧认为这就应该这样，那就应该这样，这样的习惯和规律才正常，你所需做的就是延续、保持这种正常，那么，当事情突变的时候，你会茫然失措，不知道该怎么办才好。因为在你的惯性思维里，已经没有什么标准了，你只知道这样的事已经发生很多次了，这是对的，可你忽略了事情的变化无常，当你来不及应对这样的变化时，你所面临的就是无法积极应对。

一家工厂因为产品销售不出去，不得不关闭。另外一家工厂因为同样的原因关闭了。人们会认为这正常啊！可为什么第三家工厂却渡过难关，起死回生了呢？人们会以一种习以为常的眼光来看待因为产品卖不出去而导致工厂关闭这件事情，却往往忽略了导致工厂关闭的真正原因是产品跟不上市场的变化，满足不了人们的需求。

第二次世界大战前，波兰骑兵曾大败苏军，波兰军事领导人由此看到了骑兵的威力，因而在接下来的军队建设中十分重视发展骑兵。时隔9年之后，在第二次世界大战中，波兰军事领导人仍企图以骑兵的刀剑长矛抵挡德军坦克，结果是以卵击石，波兰骑兵在德国的坦克机械化部队"闪击战"攻击下一败涂地。事后，英国评论家曾指出："在这一点上可以毫不夸张地说，波兰人的思想落后了80年。"波兰骑兵挥舞着马刀劈杀德军坦克时，固守的仍是9年前自以为豪的旧的作战观念。因此，失败是必然的。

现在我们看来，大多数人那样去做不一定正确，虽然过去这样做没有问题，但这并不代表现在和未来这样做也没有问题。你对过去的守旧只会让你的思维僵化，唯有跳出那些没有生机的、封闭的圈子才会为你的生活、事业增添活力和希望。

我们常说人一定要有创新和应对突发事件的能力。的确，世界上的事变化无常，只有那些不以习以为常的思维模式来谋求生存和发展的人，才是未来的弄潮儿。对我们个人而言如此，对整个国家、社会更是如此。

因势而动

用有限的行动做对的事

01 人生苦短，因梦想而精彩

人不能没有梦想，因为有梦想，生活才有希望。梦想的一个大作用就是让生活有一个支撑。比如，当遭遇人生困境时，你会想着那个支撑你的梦想而坚强地走下去。

其实，在我们每一个人的潜意识里都有一种依靠的思想，它就在我们内心深处的某个角落里，依靠是内心深处一种无形的下意识的思维，或某人，或某物，或某种生活方式，或精神上的某种寄托。依靠也是一种力量，甚至有时候直接决定着你的人生方向，在你的人生中起着决定性作用。

对梦想而言，可见这种依靠更是让人割舍不下。因此，我要说，尽管梦想必不可少，但不要为不切实际的梦想活着。因为，如果它让你穷极一生也不能实现，当这个梦想破灭，一直支撑你活下去的依靠，便成为你精神支柱的杀手。

梦想是什么，梦想有多好，这些我没有必要去谈，大家再熟悉不过了。那么，什么是不切实际的梦想呢？比如，对于财富，许多人都想成为格林斯潘或者比尔·盖茨。对于爱情，很多人都想成为公主和王子，永远幸福快乐。对于生活，每个人都想拥有一双慧眼，能看清一切。这些梦想都很美丽，但是，这又多么不切实际。

有一只鸟，在空中飞翔，它说："我要以那朵白云做我的目标，我要赶上它！"

于是，这只鸟重新整理翅膀，铆足了劲儿，拼命地向前飞。但是那朵白云忽然飘到东，忽然飘到西，没有定向；有时又忽然停下来，蜷缩着旋转；有时又忽然徐徐地展开；而更坏的，是它又忽然消散不见了，谁也不能再找到它。

于是，鸟坚决地说："不！不行！我应当拿那些巍峨矗立的山峰来作我行程的标记。这些高山，那样确定、坚固、伟大、美丽，望着它们，我感觉自己是那样壮勇和有力。在它们的上面飞，我就会十分快乐。我飞过一座又一座山，就好像从这个巨人的头顶跳到那个巨人的头顶。"

梦想与现实之间，总存在着一定距离，我们要学会明智地调整。通过不断地调整自己的目标以及心理状态，让一切成为可能，而后变成现实。一个大梦想，就是由很多个小梦想组合而成的。比如，你想做一个优秀的销售人员，就得先从最基础的工作做起。总不能一单都没有做，就想着和客户坐在谈判桌上谈上百万、上千万的生意。试想一下，如果连最基本的销售技能都不具备，一问三不知，谁会愿意和你做生意呢？

有位老人，从事了一辈子的摆渡工作。无论是酷暑寒冬，还是风中雨里，老人周而复始，一趟趟往返于小岛和大陆之间。

一天，一个细心的年轻乘客发现，在老人的一支桨上，刻着"工作"两个字，而在另一支桨上，刻着"梦想"两个字，于是，他向老人询问其中的含义。

老人回答道："我先给你演示一下。"说着，老人丢下一支桨，只用刻着"工作"的那支桨在一面划动小船，小船在水中转了一圈。然后，老人又捡起"梦想"那支桨在另一面划船，小船调了一个方向，仍旧在水中转了一个圈。之后，老人同时拿起"梦想"和"工作"两支桨划动小船，小船快速向前驶去。

老人望着年轻人，意味深长地说道："你看，划船就如同人生，用'梦想'和'工作'两支桨来划，船就能到达彼岸；如果丢掉其中的任何一支，船只能在原地打转转了。"

一个人梦想高远，但也要面对现实。只有把梦想和现实结合起来，才可能成为一个成功之人。任何远大的梦想，都不可能一蹴而就，而是需要踏踏实实地从手头的工作做起，为自己的梦想打下坚实的基础，才能不断缩小现实与梦想之间的差距。

如果你在为梦想努力打拼，我衷心地祝福你，因为你是一个有梦想的人。如果你还在为不切实际的梦想而踌躇满志，我真诚希望你能及时醒悟，重新审视你的梦想。

人生苦短，不妨踏实前行，活出精彩。

02 用行动踮起你的脚尖

《战胜拖拉》的作者尼尔·菲奥里在书中这样写道："我们真正的痛苦，来自因耽误而产生的持续的焦虑，来自因最后时刻所完成项目质量之低劣而产生的负罪感，还来自因为失去人生中许多机会而产生的深深的悔恨。"享誉世界的著名修女特蕾莎也说过："上帝不需要你成功，他只需要你尝试。"

在我看来，上述两人的观点都很正确，有着异曲同工之妙。有这样一个令人深省的故事，说的是有一家穷人，在经过几年的省吃俭用之后，攒够了购买开往澳大利亚的下等舱船票的钱，他们打算到富足的澳大利亚去谋求发财的机会。

为了节省开支，妻子在上船之前准备了

许多干粮，他们需要十几天才能到达目的地，孩子们看到船上豪华餐厅的美食都忍不住哀求父母，希望能够吃上一点。哪怕是残羹冷饭也行。可是父母不希望被那些用餐的人看不起，不让孩子们出去，其实父母和孩子一样渴望吃到美食，不过他们一想到自己空空的口袋就打消了这个念头。

旅途还有两天就要结束了，可是这家人带的干粮已经吃光了。被逼无奈，父亲只好去求服务员赏给他们一顿剩饭，听到父亲的哀求，服务员吃惊地问："你们为什么不到餐厅去用餐呢？"

父亲回答说："我们根本没有钱。"

"只要是船上的客人，都可以免费享用餐厅的所有食物呀！"

听了服务员的回答，父亲大吃一惊，几乎要跳起来了。

他们没有去询问的勇气。他们的脑子里，早就设置了"天下没有白吃的午餐"的思维模式，于是他们错过了十几天免费享用美食的机会。

海尔总裁张瑞敏说过："如果有50％的把握就上马，有暴利可图；如果有80％的把握才上马，最多只有平均利润；如果有100％的把握才上马，一上马就亏损。"在现代社会，不敢冒险就是最大的冒险。胆识和勇气是使人由平庸变为卓越的关键因素。

一个园艺师向一个日本企业家请教说："社长先生，您的事业如日中天，而我就像一只蚂蚁在地里爬来爬去，没有一点出息，什么时候我才能赚大钱，能够成功呢？"

企业家和气地说："这样吧，我看你很精通园艺，我工厂旁边有 20000 平方米空地，我们合伙种树苗吧！一棵树苗多少钱？"

"40 日元。"

企业家又说："以 1 平方米地种 2 棵树苗计算，扣除道路，20000 平方米空地大约可以种 2.5 万棵，树苗成本刚好 100 万日元。你算算，3 年后，一棵树苗可以卖多少钱？"

"大约 3000 日元。"

"这样，100 万日元的树苗成本与肥料费都由我来支付。你只负责浇水、除草和施肥等工作。3 年后，我们就有 600 万的利润，那时我们一人一半。"企业家认真地说。

不料园艺师却拒绝说："我不敢做那么大的生意，我看还是算了吧！"

一句"算了吧"就把即将到手的成功机会轻易地放弃了。我们每天都梦想着成功，可是机遇到来时，却不敢去尝试，患得患失中让我们与成功失之交臂。记住，成功是需要胆识的，要敢于尝试！

一个人越想安于现状，越不能安于现状，各种偶然的因素使生活充满风险。相反，坚定地树立奋发向上的信念，敢于冒险，敢于承受岁月的风风雨雨，就比较容易获得令人羡慕的成功。

一天晚上，在漆黑偏僻的公路上，一个年轻人的汽车爆胎了。年轻人翻遍了工具箱，也没有找到千斤顶。这条路半天都不会有车子经过，怎么办？他远远望见一座亮灯的房子，决定去那户人家借千斤顶。

一路上，年轻人不停地想：要是他们不给我开门怎么办？

要是他们没有千斤顶怎么办？

要是那家伙有千斤顶，却不肯借给我，该怎么办？

这个年轻人顺着这种思路想下去，他越想越生气。当走到那座房子前，敲开门，主人刚出来，他冲着人家劈头就是一句："你那千斤顶有什么稀罕的。"

他弄得主人丈二和尚摸不着头脑，以为来的是个精神病人，"砰"的一声就把门给关上了。

在路上，年轻人走进一种常见的"自我失败"的思维模式中去了，经过不停地否定，他实际上已经对借到千斤顶失去了信心，认为肯定借不到了，以至于到了人家门口，他就情不自禁地进入了荒唐可气的境地。

在现实生活中，许多人会提前对自己要做的事做出一系列不利的推想，结果真的把自己置于不利的境地。在做一件事之前，你是否常在心中对自己说：可能不行吧！万一失败怎么办？结果还没去做，你就没有信心了，事情十有八九就会朝着你设想的不利方向发展。

因此，千万不要沉迷于想象中的失败，只有你勇于决定，大胆去做，成功的概率才会增大。以乐观的心态往前走，积极应对，你会发现困难并不是不可战胜，事情并不是不可以去解决，别人也不一定是那样不通情达理……反之，你一旦你陷入了"等待、止步不前、瞻前顾后"的模式，成功真的会离你而去。此时，最好的选择就是行动起来，因为，你等待的成本要远远高于你行动的成本。

当你仰望星空，你会发现星星其实离你并不遥远，只要自己勇敢地踮起脚尖。

03 成事需要连贯

　　断点不是成事之人想要的。成事之人知道连贯蕴藏的力量有多强大。自然的威力源于其延绵连贯的力量；洄游之鱼必现于急湍中流；今日的涓溪在下月却变成洪流……它们都是连贯的力量所致。

　　如果一个人正在劲头上，突然被人掐断力量之源泉，他必将受到巨大损失。

　　正在赛道上拼命奔跑的运动员，突然被拦截了，他的冲劲定当受损。古语说"一鼓作气"是有大道理的。中断还体现在三天打鱼两天晒网上，更体现在断断续续的人生行动上。就像某人喂马，周一喂饱马匹，周二却不让它进食，到周三的时候这匹马已成瘦马，周四则半死不活了，周五之后继续如此，一定会变成一匹死马。在教育上依然如此，一个学童很聪慧，结果他周一上了课，周二就选择逃课，周三时他试着回忆周一所学的东西，然后继续上周三的课程……如此循环，我相信他一定学得不好。这一做法犹如攀爬崎岖的山路，终不能抵达教育这座高峰。

古语说："一鼓作气"是有大道理的，事物都有连贯性，当你驮送一件物品时，因为沉重而放下，再想驮起时会异常困难。所以成事要"一鼓作气"，连贯做完。

世界锤炼人的素养，处于变化洪流之中的我们又有谁可幸免于此？那些成大业者有些做法看上去有悖于这些成功法则，但他们始终不失连贯的暗力。

连贯的步伐可能会中途顿滞，但却始终向一个方向前进。

连贯是成功的重要因素，连贯做事的人，心中常揣愿景，他会努力朝既定的方向去走，做事有始有终。

心中揣摩愿景的成事者，虽然他的构图不一定明朗，但他依然沿既定的路线，朝既定的方向，在休息与工作中寻找平衡。非连贯的工作是成事者的人生苦役，在那断续之处成事者常常需要花费额外的时间去修补。这种屡次累加的损失好比赌博带来的债务无底洞。

若有志于某事，就应有始有终，将目标常怀于心中，直到其成功圆满之日。切莫想着可以双管齐下，因为这实在是极为艰难的事情。就普通人的能力而言，一般只能专于一事，若是勉强去做两件事，在这两者之中，就必然有一件事情失败，或者二者皆失败。

焊接自己的理想与工作吧！让我们将自己的思想与行动紧紧连贯起来。非连贯做事是成事者成功路上的绊脚石，它带来的损失不亚于荒废者、一事无成者。希望我们沿着同一方向前进，直抵能力之所达到的深度；莫迷恋沿途的景色，张望、踌躇、原地打转。莫闲荡，勇直前。今日风和日丽，明日说不定阴霾密布，狂风骤雨。

我们都渴望成功早点到来，若想早日抵达，眼睛深锁远方的目标，朝着相同的方向持续向前。成事需要连贯，连贯给成事者以奔跑的力量。

04 成功，自我演进的绽放与行动

　　马登先生说过这样一句话："所有的成功不过是自我演进的绽放与表达而已，正如日后一株参天大树的无限可能性在种子中已经包含了。"每个人都可能成功，这不是天才和幸运之人的特权。成功就像一棵树，每片叶子和枝干都是你成功的内容。

　　我曾听过很多人谈论成功，发现他们当中都有一个很明显的倾向，就是把目标定得很高，以为只有达到这样的高度才算是成功。比如，有人把赚到100万元当作成功，如果没有赚到，就不算成功，实际上他现在已经拥有几十万了。对此我可以说得更确切一点，这样的人是这样看待成功的：没有100万元就不算是成功。但是，

他往往忽略了一点，生活和社会的复杂性，以及很多不可控的因素都会让成功置于深深的不可测之中。比如，各行各业的收入会不时地发生变化，地域的差异会造成收入的差别，再加上物价会上涨。就拿一线城市跟二线城市相比，如果你在一线城市有 80 万元存款，那这 80 万元放在二线城市生活会如何？我想，这不用多说，你应该明白。

有很多创业者雄心勃勃，壮志豪情，这当然无可厚非。但是，他们当中也有不少人把公司上市看作是创业成功，那么，以这样的标准来看，他们现在有没有成功？如果说没有，他们会不会成功？答案并不复杂，只能说不一定成功。我们都知道，创业除了受资金、人脉、能力，还有环境以及其他很多相关因素的制约。这些问题他们不是不知道，在很大程度上是被他们忽视了。

我见过有人把结婚当成恋爱的成功，认为只要结婚了，就必定会幸福。我想，这样的例子有很多，有谁能保证结了婚就一定幸福？如果你面对的是一个你不爱的人或者他（她）也不爱你，请问这样的成功拿来做什么呢？

不用再举例了。对于成功，世人有太多的定义，有多少人被他们所谓的成功误导，恐怕难以计算。要不怎么会有那么多人哀叹自己不成功呢？而我所要说的是，你现在就很成功，你活得也不错，前提是只要你勇于承担自己可以承担的，今天

　　成功就像一棵树，每片叶子和枝干都是你成功的内容。

的你比昨天的你更优秀，你就算成功。换句话说，能有这样心智模式的人，他一定离成功很近。如果你对此还是不明白，也不要紧，比如你挣了1万元，你能负担起这1万元的责任，将它作为下一次的投资，或者说你用这1万元改善了家庭的一些困境，你不也是很成功吗？

不仅如此，当你把不断地奋斗和挑战自己极限作为成功的重要条件时，你也是一个成功的人。首先，你在自身条件上就已经具备了成功的要素，这是你的优势，你比那些患得患失的人更容易功；其次，你以这样的态度再加上你的才情，只要你还在努力，你就是一个成功人士。你会一直享受追逐成功的快乐。

我记得很多人说过："每个成功的人士后面，都有另外的一个他或她在支持。"是的，我赞同这句话。如果你也很幸运，有一个既爱你又支持你的另一半，并且你把这个作为成功的定义，你会不会更加成功呢？当我把这样的观点传达给一个正在奋斗中的朋友时，他颇有感触地说："是啊，我很难想象，如果没有我的妻子，我不知道我能撑多久，我真的很感激她。"芸芸众生中的那些为成功而奋斗的朋友们，请一定要记住：只要你每天都在关注和支持对方，再加上你们彼此的信任，你就是在享受成功的爱情，然后，你会拥有无限的奋斗力量。成功会离你越来越近。

为什么会有如此多的人看不到成功，享受不到成功的喜悦？终其原因，还是他们把成功的定义停留在表面。他们会让自己陷入不可控制的恐慌、焦虑、气馁、害怕的境地里，这也是有的人即便是成功了，也没有成就感的重要原因。当你忙碌地行走，却忘却了路边的风景，你是否感觉到自己错失了享受愉悦的成功心境？

只有把成功的定义放在内心的自由体验中，你才能够真正地获得可以掌控的幸福，获得那种让你充实的幸福生活。然后，你在幸福中，不断地积极进取，就会越来越成功。

如果你有梦想的话，一定要为之去努力。当别人做不到的时候，你不要轻易认为自己也做不到。你只需要记住，你能行，然后全力以赴地争取。

05 怎样让机会变得平等

　　机会是平等的，这是很多人都相信的道理，也是很多人反对的话语。我们不妨将这句话进行修改：机会在很多时候对每个人来说是平等的，当你在懒惰、观望、随性的同时，别人已经行动了，所以不平等。当然，这句话的内容还可以有更丰富的扩充。比如，许多最伟大的发明的源头在于观察。这些人充分了解眼睛是心灵的窗户——所有人都有眼睛——如果他是盲人看不见另当别论。这些人把眼睛所见之物传达至心灵，然后心灵根据眼睛所摄录的影像来进行有条不紊的分析。

　　有这样一个故事：一位年轻人漫步于无垠的海滩上，在阳光和煦的夏日享受假期。他与灯塔看护人住在一起。他为人勤奋，思虑周到。在风和日丽的闲淡日子里，他常一人在大树的荫翳下静静读书。某天，他无意间注意到，低层楼房的窗户不如高楼层的窗户明亮。他尝试去寻找其中的原因，但一无所获。

某个晚上，他向看护人讲到了这个问题。"原因啊？"看护人说，"这都怪那些讨厌的沙子，沙随风势，不断撞击着窗子，每年我都要更换两三次玻璃。"

听到此，年轻人不禁兴趣泛起。在经过一连串的试验之后，他发现如果以同样的力量来冲击玻璃门的话，亦会产生同样的结果。这位年轻人就是磨砂玻璃以及后来广为闻名的沙玻璃机器的发明者。现在，这种发明在全世界广为流传，并且有更多、更先进的磨砂玻璃出现，可以说引发了一连串的玻璃效应。

不少人见过沙子吹打窗户，但都没有深究，也没有动一点脑筋想想，眼睛也只是泛泛而又漠然地看着这一切。然而大自然向留心的人昭示了这个道理，是大自然制造了第一块磨砂玻璃。这位看护人已经熟悉了几年，但除了更换玻璃与咒骂沙子与大风之外，对此是不加留意的。若一人眼睛不瞎，他必然会睁眼看这个世界，看大千世界的种种，任其飘过。而一些人却认真研究其中的奥妙。

上述案例可能会遭受一些人的质疑或反问。他们会说自己天生平凡、驽钝。的确，我承认世人的能力存在差异，但在一个大的范畴内，一般人在心智与体格上是殊无异处的。你的留心未必会使你大有作为，但你不留心必定不会有大的作为。我们要相信机会遍布万水千山。在乡村、在城市、在森林、在田园……它们总不能让一个人、一群人给独占了吧！我们人类，生活在世界的各个地方，机会会走进留心的人的心里，让你与之相碰撞，抵达远方，然后形成美妙的图景，最后大爆发，巨大的硕果便出现了。

机会平等可能是一个伪命题，你有无数个理由反驳它，也有一个坚定的理由去相信它。对机会而言，只有抓得住和抓不住之说，但对你来说，却极有可能成就两种不同的人生：成事者的人生和失败者的人生。

最科学的观察可能出现谬误，而那些奔波于实现伟大事业之人可能失蹄于小事。但是，同样不容辩驳的一点是，如果你不向往远景，那么将永远一无所获。在我们抱怨机会不平等、被人垄断的时候，你还能拥有什么？充分留意、运用自己的能力，在自己能掌控的范围内作为，就有可能体会到成功的喜悦。至于缺少资源和平台，这个无须强求，该来的总会来。

一些人根本不想着如何努力赶上别人，也不想坦然接受自己的平凡，而是想着把别人一榔头打成和他们一样的人。所以他们只看到了富人而成不了富人，他们的抱怨越来越频繁、越来越沉重。

怎样让机会变得平等？这完全取决于你自己，而非别人！而要明白这一点，首先从心里去承认它，然后你再运用上天给予的一切，作为个体的你才能抓住机会。

06 年轻人就应该大干一场

　　生活给了我们很多宝贵的机会，我们可以努力去完成很多的事。可是，总有一些人虚度光阴，一事无成。他们把大把的时间浪费在做决定上，不停地犹豫自己该做什么。这样的人我们不要对他们有什么期待。

　　我知道这样一个故事。一位丧偶的母亲辛苦将孩子养大，并供她的孩子读完大学。这位母亲说："我有责任让我的儿子接受良好的教育，我不希望他像我这样只能开一家卖花小店，我希望他将来有所作为。"客人对她说："你已经做得很好了，你的孩子已经读完大学，应该会有一个很好的出路的。"这位母亲叹了一口气，脸上露出担忧的神情，

"可是我的孩子性格优柔寡断，他今天想做企业高管，明天想去创业，后天又觉得做律师也不错。现在，他居然想接管我的店，做一名卖花工。我的孩子经常有挫败感，有很多事他还没有开始行动就已经放弃了。我非常担心，他大学所学的知识长此以往终将荒废。"

显而易见，这位母亲的孩子虽然接受过大学教育，但和他母亲的毅力和勇气比，他是失败的。一个人缺乏决策能力会毁掉自己的一生。其实，有很多这样的"大学毕业生"，他们没有成功的决心，更谈不上坚守自己的梦想。因为迟疑、顾忌，一个人一辈子的前程就这样葬送了。这句话无疑是对失败最好的总结。许多人过了半辈子，还不清楚自己该做什么，他们是不值得别人同情的。

年轻人为什么不能大干一场呢？他们错失了生活给予的很多宝贵的机会。他们原本可以努力去做很多优秀的事，可是这些人却虚度光阴，一事无成。朝三暮四是对他们最好的形容。

一些年轻人会说，我已经很努力了啊！可是我还是没有成功，谁能告诉我为什么。我想说，如果你的这份"努力"是软弱的，是模棱两可的，那么这种努力就是徒劳的。这种努力是短暂的、缺乏持久力的。在他们的思维中缺乏一个强有力的支柱，所以他们永远找不到属于自己的奋斗天地。指望在一两天就成功，指望自己狠狠努力一下就成功……这都是造成思维中缺乏坚定意志力的重要因素。你在大学期间学到的知识为什么不想办法转化为社会价值和商品价值呢？抑或其他！我们身边有很多年轻人一路青云直上，做着他们擅长的工作，这样的工作不也是你所向往的吗？如果别人能用他们的努力换来属于他们的成就，为什么你不可以？

犹豫、徘徊和坚定不移是两种不同的人生取向，差异很大。

没有什么比年轻更具价值的资本了，将踢足球的热情用到事业上，你就是人生赛道上值得尊敬的成事者。

空有理想和抱负就是在做"白日梦"。像很多成功的人那样拿出自己的决心、热情、力量和精力，好好大干一场吧！全身心地投入到你的工作中吧！青春像大学校园里的足球友谊赛，没有失败，只有排除万难，坚定不移，你才能最终取得胜利。

布克·T.华盛顿在一次谈话中，给他的黑人学生提出意见："目前社会有一个就业趋势，大家喜欢在职业的选择上跳来跳去，除非你把这个坏毛病改掉，否则你很难得到他人的信任。我们必须学会，在坎坷的人生旅途上，挑战自我，拔除障碍，战胜困难。记住，失败不是命中注定的，是可以改变的。"

在执行一个坚定的人生计划的过程中，无论遇到什么问题，你都能始终忠实自己的目标，不动摇、不退缩，那么，最终受益的就是自己。当你做出决定，就要坚持不懈；然后完善你的不足，并深入钻研。只有这样，你才会将你所学的知识派上用场。毕竟，大学里面的知识还需要实践去转化。

我曾看到一位才华横溢的年轻人，他本可以创造辉煌的，可他在职业选择上摇摆不定，导致天赋没有得到很好的利用。他甚至不知道自己在不断地摇摆中浪费了大把的宝贵时间。由于自己的艺术追求始终没有得到满足，他的天赋也在枯萎。

他极其渴望表现自己的艺术才华，他想放弃厌恶的工作，出国留学深造。但是，贫穷限制了他的想象和理智，他对战胜困难和障碍没有足够的勇气。尽管他很想打破这种状态，追求自己的理想，他还是长期处于犹豫中。最后，他就一直盼望着有更好的机会降临在自己身上。

这样的等待无疑是漫长的。

在这个过程中，生活的忙碌让他的理想、目标越来越远。渐形渐远的生活让他每日忍受着不快乐、不满足、踌躇不前、遗憾万分的痛苦。时间是非常可怕的，可他还在幻想着要努力实现自己的梦想，施展自己的才华，不想扼杀自己的追求。可是，如今已为时晚矣。

天性赋予你其他人不具备的某种能力，这种能力可以帮助你做得更好。然而，多才多艺一定就是好事吗？它还需要辩证地来看。我们也必须小心"多才多艺"惹的祸。多才多艺只是一个幌子，这会误导很多人毁掉光明的前途！想在各个学科上当"专家"这是不可能的——到头来没有一个是你精通的。要知道，许多人就是因为这个丧失了成功的机会。因此，我们要牢记这样一句话：要寻找自己的机会，年轻阶段选择的职业可能更适合成熟后的你来做。

一位外国哲人说："如果你对什么是最适合自己的不是很确定，那么你必须仔细地审查自己。不仅要考虑自己的能力、条件、喜恶，还要关注自己的健康状况、脾气秉性、思维习惯以及任何能帮助你做决定的因素。"这与曾子说的"吾日三省吾身"是同样的道理。

大多数人在找到适合自己的职业前，都会有碰壁的经历。这时候反映出来的状态就"千姿百态"了。正如美国的亨利·范·戴克博士为那些在就业之初，犹豫徘徊的大学生们提出的建议：在找到最适合自己的职业前不要等待，勇敢地前进，做好眼前的事。选择与你的期望最接近的道路。实际行动要比孤立的思考更加有效，即使是错误的判断也无所谓。如果一个人能从中吸取更多的教训，那将会成为最宝贵的财富。

如果你对高质量生活穷追不舍，说明你是为了不断地追求物质生活和体验幸福的滋味，这当然无可厚非，因为这也是人类生存的目标。然而，很矛盾的是在日常工作中你可能会找到实现目标的方法，有时却什么都找不到，这就是现实的残酷性。当你在社会这所"人生职业学校"里展开行动，在那里职业就是成就的开发者，是个性的塑造者，它会把你内在的潜力扩大、加深和丰富，让一切变得更加统一、和谐和完善。

如果你很迷茫，站在人生的十字路口无法决定走哪条路，那么就根据自己的资质和适应能力去做相应的工作—不要鄙视、瞧不起这份工作，只要你放手大干一场，就能很快地回报社会。

年轻人就应该大干一场，难道要等老了才这样吗？

时间不允许，不要让你刚有起色或接近辉煌的人生失去时间的加码！

07 唯有不甘落后，才能奋勇向前

　　不甘落后的原则包括激情与雄心，这两样东西就像天平的两端，缺一不可。但是，这两样东西仿佛看不见、摸不着，它们在你的内心潜伏着，需要一些东西去激发。

　　有的人觉得如果某个人在底层环境挣扎，就没有资格去争"输赢"。但是，恰恰是贫苦的身份更能激发他的激情与雄心。纳撒尼尔·C. 小福勒为我们讲述了一件值得深思的事例：

　　一个叫约翰·菲尔德的农民这样问戴维斯："戴维斯，你看这个孩子怎样啊？"问这话的时候，他看着正在等待的顾客的儿子马歇尔。迪恩·戴维斯从桶里拿出一个苹果递给马歇尔的父亲。"哦，约翰，你跟我都

是老朋友了。不瞒你说，我不想伤害你我之间的情感，但是，你也知道我是一个直肠子，那我就说一下心中真实的想法吧！马歇尔是一个善良又有才干的人，但即使他在我的商店里干上 1000 年也不可能成为一个真正的商人。他不是经商的料，还不如教教他如何挤奶更好。约翰，你还是带他回农场吧！"

纳撒尼尔·C. 小福勒对此也进行了分析。他认为，如果马歇尔·菲尔德依然在迪恩·戴维斯的商店里打杂，那他绝不可能成为世界上最杰出的商业巨擘之一。马歇尔·菲尔德只身一人闯荡芝加哥时，他看到许多曾经与他一样出身贫寒的年轻人都能有所成就，于是便激发了他想要成为一名成功商人的决心。"别人都能够做出如此神奇的事情，为什么我就不能呢？"他自言自语道。当然，必须承认一点，马歇尔一开始就具备了这种潜质——不甘落后的潜质。但是，我们必须看到，正是因为他处在一个能激发起雄心的环境里，他才能将他的潜能发掘出来，然后释放出潜藏在身体内的巨大能量。

我们可以对纳撒尼尔·C. 小福勒的分析继续下去。

譬如说，为什么很多像他这样的身处底层环境的人最终没有成为杰出才俊呢？一些人会认为所谓的大志不过是某些人与生俱来的，与环境的关系不大。但事实是，许多人的雄心只是一种潜在的能量，需要借助外在的东西去唤醒与催化。

环境固然不是决定论，但是它的影响力不容忽视，而它更需要一种激发力量的催化，最终才能让这个人走向成功之路。爱默生曾说："我最需要的，就是有人能激发我去做自身能做的事情。做自己力所能及的事情，这就是问题的症结所在，这并非拿破仑或是林肯之辈所能做的，而是我们自身能做的。我是否将自身最好的一面展示出来，抑或是最坏的一面；我发挥了 10%、15%、25% 或是 90% 的潜能，这将对我产生重要的影响。"

　　这就是说，激情这东西还需要一个目标去感染。可在底层环境里如何获得这些呢？最好的方法就是与那些懂你、信你、助你的人在一起。一个人是孤独的，两个人就抱成团，就算大器晚成也不要紧——况且那些大器晚成之人几乎都是在受到某种刺激后才成功的。比如，阅读某本励志书籍，听一场演说，与朋友偶遇或是别人的鼓励，都让他们醍醐灌顶。无论在何种环境下，一定会有不一样的人存在。我们一定要与鼓励、相信、赞扬我们的人一起，远离那些让我们失去自信、让我们的理想暗淡或是将希望之火吹灭的人。

　　时间的力量是强大的。因此，激情与目标需要结合在一起，这样，雄心壮志才会在某个节点发挥作用。而在这之前，你一定要时刻用心呵护与培养这个结合体，否则就会随着时间的推移而枯萎，甚至消失。这好比写作与绘画上的天赋，一旦我们放弃了精心的引导和培养，它就会像花朵一样凋零。是时候出击，就毫不犹豫地出击，"心行合一"的法则切莫忘记，一旦行动，你所拥有的能力就会变得锐利，目标就会愈加明晰。

> 这个世界唯有时间是公平的，成事者往往善待时间，懂得将之与其他的优势条件进行组合。其强大的力量不容小觑。

许多人都有很强的能力和很好的天赋，为什么他们看起来碌碌无为，做着一些不属于他们的工作呢？这是因为他们心中的雄心壮志还处于一种沉睡的状态。一旦被唤醒，就可创造奇迹。

几年前，我认识一名即将毕业的大学生。他看起来没有什么朝气，他不知道自己毕业后去向何处。他与同他一样的大学生一样，在对未来的迷茫中度过一天又一天。走在人群中，你或许不会看他一眼，他看起来是那么平凡，仿佛他不是大学生一样。他的潜能去哪里了？他的潜能没有消失，只不过沉睡在心底罢了。然而，仅仅是两年后他离开了所读大学的城市，去了成都。现在，他的年薪接近 40 万。是什么让他的人生发生了如此之大的转变呢？在他去成都之前某一天晚上，我和他在院落里喝着啤酒，我突然和他谈及理想以及内在潜能的事情，一开始他沉默寡言，后来我说在新媒体时代靠文字养活自己的人也不少，他的眼里闪烁着什么。之前，我看过他写的日志，他对文字有感觉，那种感觉就是他对文字的驾驭能力。那天之后，我让他尝试从事一些文字方面的工作，他几乎都能完成得很好。

直到我让他离开所读大学的城市。但更重要的是那一晚我们所谈的内容激发了他，迷失已久的他重新回来了，也就能在自我发展的道路上不断前进。现在，他已经成为一名较为成熟的编剧、策划人——出色的能力让他的年薪越来越高。

在印第安的一些学校有一个不成文的规定，学校会将一些来自原住地的印第安少年的照片公布出来。我们只需要靠近这些照片就会发现隐藏其中的问题：这些印第安学生穿着得体地出现在照片上，他们看起来特别阳光，你甚至能从他们的眼神中看到有理想的光芒在闪烁。这些理想的因子让所有人都对他们寄予了厚望。然而，一段时间后，他们中有不少人进入新的生活环境，在遭遇了挫折、失败后选择回到原先的部落继续生活。

是什么让他们当中的一些人成为失败者呢？归根结底，是他们从来就没有处于一种激励与健康的环境之中，他们内心深处的自己也从未被唤醒，或是因为自身还不足以应对压抑、沮丧与恶劣环境的摧残。这样的人看起来是那么的脆弱，学校赋予他们的知识才情全被荒废了。

无论你的人生是怎样的走法，你都要努力让自己处于一种振奋的环境之中。很多时候，这就决定了我们的伟大或平庸。

虽然我没有权利要求你过什么样的生活，但是你可以选择过什么样的人生。如果你很差，请奋起直追；如果你很优秀，也不要有惰性的思维。因为，那个奋起直追的人随时会超越你。

记住，唯有不甘落后，才能奋勇向前！

08 成事的最好年龄

成事有最好的年龄吗？当然有，因为年龄这个东西是神奇的，也是相对的。很多人会认为成事的最好年龄是在少年、青年、中年时期，这有很强的道理性。但是，许多六旬的老者在心智与体魄上仍胜过少年。俗语有云：人之所老，窥之动脉。但一颗豆蔻的心，却是岁月所不能剥夺的。

苏轼说："谁道人生无再少？门前流水尚能西！休将白发唱黄鸡。"值得我们注意的是最后一句，"休将白发唱黄鸡"谁能阻挡时间的脚步？只要你愿意，在咽下最后一口气之前，我们还可以保有一颗年轻的心。

对"成事的最好年龄"这个论题，很有探讨的必要。如果我们对历史上大有作为之人进行综合剖析，就会发现一些很有意思的现象：

50－60 岁几乎是许多完成超凡伟业的人的年龄段；

人的第二个发皇期（这里指发达兴盛期）在 60－70 岁；

剩下的第三个阶段在 40－50 岁。

上述规律是不是就说明人的智力高峰，皆于人生半百的时候骤然而至。

人过中年心智越发成熟，思想越发活跃，情感越发丰富，这也是一个显而易见的事实。

人生之初的三十年、四十年、五十年似皆为训练期间。之后，开花结果，名声、幸福、顺意似接踵而来。此等收获绝不是初涉社会的青年所能领悟的。

当然，不排除年少者也有成事的。但毕竟与上相比，他们就是少数了。

在最好的年龄做最好的事，努力向上吧！成就最好的自己！

就体质而言，五旬之人或者输于长途竞赛，无法比拼横跨江河之类的比赛。倘若他心智自律，亦将更富弹性、精力充沛，他的实力其实不输于强壮少年。

在去年过年的时候，我遇到一个年轻人。他大学刚毕业，刚到法定结婚年龄，因为是亲戚，他和我结伴同行。一路上，他总是不时皱着眉头说："哎，我感觉自己老了，不像当年了……"这时候，同行的还有几个上了年纪的亲戚，他们听了他的话就一路"马着脸"（指严肃、不活泼），等到脸稍微舒缓一点的时候，又听到他这么说，于是又马着脸，如此反复。

这种情绪其实比鸦片更厉害，鸦片只会害自己，不会传染给其他人，但这种情绪会。它会像大街小巷里的小广告那样难以摆脱，等你发现无法摆脱的时候还会让你心甘情愿地加入张贴小广告的行列。

比如，一个老人家突然心血来潮想找回年轻的感觉，于是他去打球，还在热身的时候就听见一个壮硕并且可以双手抓篮筐的人说："哎呀，人老了不行了，当年轻松一跳就能扣篮，现在要使劲跳才行。"说完，年轻人还要叹息摇头一番，以此说明自己说的都是实话，不是谦虚。你说，这位老人会自觉地走开呢，还是乖乖地坐到角落里回忆球场上自己年轻的时光？

这的的确确是一种负能量，那么，一定会有人说负负得正，把那些人放在一起不就成了正能量吗？虽然，"负负得正"这四个字读起来朗朗上口，但是，这些人在一起不是乘法，而是加法，他们在一起只会负得更多。

与之相对的是年轻的正能量，也是可以传染的——不，应该说是传递，就像火炬那样，从一个人到另一个人，点燃一颗心又一颗心。年轻，是我们想要的，谁都想有一副一天可以劳作十七八个小时的筋骨，想永葆青春年华的容颜，这是生理机能上的。年轻，也是我们需要的，我们需要一颗勇猛如同狮子的心，需要指点江山挥斥方遒的情怀，需要看风景和被风景看的闲情逸致，这是心理上的，虽说看不见摸不着，但远比保持生理上的年轻来得实在。

人老后，在生理上，你要是逞强去展现自己年轻的曾经，力度稍微大一点，轻则腰酸背痛腿抽筋，重则骨折心衰落残疾，只能在医院里躺着，然后，当同房的病友问起时回答："哦，我没什么大事儿，就是骨头断了几根，人老了，下个楼都不方便，脚下一滑就……"那时候，不仅生理上的年轻没有了，恐怕连心理上的年轻也坚守不住了。

所以，千万不能强求生理上的年轻，这跟让一个屠夫喜欢上弹钢琴而远离斗地主的游戏是一个道理，你让一个屠夫远离斗地主的游戏可以，但让他弹钢琴未免有些强人所难了。话又说回来，虽然年轻不能强求，但我们可以像屠夫远离斗地主的游戏那样在生理上尽可能远离衰老，我们可以多参加一些动作幅度较小的运动，多出去走走，而不是沏上茶闭着眼仰躺在太师椅上飘飘摇摇。

不要沉溺于游戏，尽可能多地接触社会，多参加正常的社交活动，多交朋友，心里累得实在不行的时候想想自己少年时期的理想，不要整日因为自己不知道无聊是什么而无聊。

壮年的时候，有成就的、没成就的都要沉得住气，有成就的要经得住诱惑，在原有的基础上稳步上升，没成就的更要调整好心态，不要沉浸在昨天的失意里，努力把今天过好。当然，这一切的前提是不能因为青春的逝去而耿耿于怀。

接着就是中年了，这是个比较特殊的时期，烦琐的事情常常让人身心疲惫，而生理上的变化更加重了这种疲惫。对此，我们必须保持一个良好的心态。就像女人不能因为自己处在更年期就刻意地做那些只有更年期才做得出来的事，男人不能因为女人处在更年期就把一切事情归咎于家里女人的更年期。同时，趁着自己还有精力，我们应该尽可能地去做一些有意义的事，防止自己在这种特殊的时期在精神上投降。

至于老年，最重要的是不要相信自己只能等着死神的降临，能动的时候多出去散散步、多走走，或者发挥自己的余热；不能动的时候多看看新闻，听听收音机，翻翻书。如果陪了我们几十年的人先离我们而去，我们可以养一只小动物，心里总算有点记挂，度过余生时光。

虽然身体机能不是人所能控制的，可是自己心智的发展是完全不同于前者的。它在人的控制范围之内。个性、幸福之感皆是大脑的产物，当年岁如冰冷的雨雪无情拂过身体，内心却仍可犹如炉火冉冉，烧得通红。

智力上乘者与成伟业者，内心还是如一孩童。他喜欢与孙子玩弹珠游戏，怡然自得。虽然他的体魄不宜劲舞一曲，但心智之乐亦是倍感痛快。身在广袤的旷野之间、处于茂密的深林之僻常能看见他的身影。此时此景的所获，不是在华尔街呼风唤雨的一时快感所能比拟的。

　　成事的最好年龄取决于你的心智成熟在哪个层次，缺乏这些，就算有再强壮的身体也没有任何作用。

09 诸多错位导致事业失败

　　这个世界最憋屈的事一定不会少了"错位"这件事。错位也是生活上、工作中常见的事。只要你稍微留心观察就会发现，它就在我们身边。

　　错位是可以避免的，可是因错位而导致的行动失败却很少引起人们的注意。例如服装店店员不喜欢量尺寸；苗圃工人讨厌剪子；教师鄙视教室且对学生不感兴趣；医生厌恶他们的职业。

　　为什么会出现上述状况？几个词语或短语可以解释清楚：漠不关心，缺乏热情，草率行事，无精打采，缺乏诚挚热切的动力和兴趣。从这些方面看，你会认为绝大部分人都没有找到合适的位置。因为没有找到合适的位置，即便做出了努力工作的样子或实质性的工作，依然让事情处理得不够圆满。

但是，我们可以否认错位的人却做出了惊人的贡献吗？当然不能！就像有些人明明在贫困中挣扎，身负沉重的抵押借款，过着非常低劣的生活，可他们却是天生的发明家、艺术家……他们会随时停下手里的工作和你整小时谈论梦想，或者科学，或者艺术……这么多人努力做自己最不适合做的事，真是不可思义。当然，我并没有鄙夷他们的意思，他们的想法也让人尊重，但一辈子都做着自己不可能实现的事，是否浪费了人生中的大好年华？就算其中有人获得了成功，那一定是极少数。

世界有太多的领域，需要你找到属于自己的才能成为最好的自己。

美国天文学家、诗人洛厄尔说过，努力使我们成为我们本来就不会成为的人是徒劳的，从古至今，这样做的人总逃不过理想破灭、生活陷入混乱的结局。

米开朗琪罗和拉斐尔在机器店里可能会是失败者；

莎士比亚使用工具可能会是一个笨拙的人；

贝多芬在农场或商店里可能会迷路；

……

他们都不可能在密西西比河上建造一座桥梁，也不可能成为一名顶尖的科学家。

米开朗琪罗和拉斐尔在机器店里可能会是失败者；

莎士比亚使用工具可能会是一个笨拙的人；

天才贝多芬在农场或商店里可能会迷路。

　　本杰明·富兰克林的父亲带他去看木匠、砖瓦匠和其他技工来帮助他选择生计，但在他的身体里有一种声音引导他直达目标并且使他"必站在君王面前"。对书的热爱就是指引他到达成功彼岸的金手指。

　　虽然本杰明·富兰克林被迫从事极其不喜欢的或是压抑天性的工作，但是因为有人要靠他养活，所以他不敢放弃它而去从事喜欢的事业。对他而言，每天早晨被迫面对讨厌的工作确实很令人沮丧。直到有一天他找到属于自己的路，他就踏上了成功之路。

天生我材必有用，那也得看这个人才放置到什么地方。对于一个有美术天赋、热爱美好事物，专注于美丽和理想的人来说，从事整个身心都对抗的工作是很难的。

扼杀一个人才等同于毁了他灿烂的一生，而错位导致失败，等同于一艘满怀希望的航船驶错了方向，或者南辕北辙。

如果你一定要做不适合的职业，我建议你不要把它完全地看成是一场灾祸，而是要强迫自己在磨炼和训练中获得经验、耐心和毅力。同样，你也不要让它搞糟了你的生活，而要从中摄取你所需要的养分。记住：精通它，并积累财富，以便有一天自己有能力全身而退。

纳撒尼尔·C.小福勒讲述过他遇见的一件事，他说他认识一个人，直到40多岁还全心投入自己深深厌恶的工作。但他强迫自己取得成功、负有盛名后，最终非常成功地转行从事了文学创作。许多年来他利用每次机会练习写作，在自己热爱的事业中找到了消遣方式。他在准备转行的时候，已经掌握了大量有价值的文学资料，包括许多写满有价值的建议的笔记、手稿和日后可以利用的小文章的开头部分。

这个世界有很多可以称作可怜的事，但我觉得如果这个世界上有一件极其可怜的事，那就是一个错位的人丧失了他心中曾坚信的理想，不再关心自己会有发展还就此沉沦，美好的未来对他来说就是擦肩而过的陌生人。人一旦失去动力，他的身体机能和精神状态都会受到极大的影响，这就好比一块手表，如果没有发条是没用的，如果没有驱动装置，所有其他的齿轮、表针和机械组织都是没用的。人类也是如此，没有了目标就没有了可以成功的希望。时光一去不复返，老了有心无力，而要唤醒一个已死的"理想"好比"蜀道难，难于上青天"。总之，热情不冷却，你的能量自然大。如果想淋漓尽致地展现自我，就守住你的理想不要让它冷却，不要让它松懈，不要允许你的标准下降，不要让理想模糊不清，甚至消失殆尽。

有的时候勇气是扭转错位的一个法宝。我们发现，许多错位的人因缺乏勇气征服自己与渴望之间的障碍，使得他们丧失了理想，变得沮丧气馁。所以，勇气这个充满能量的东西，在你人生障碍处能起到扭转乾坤的作用。

我不时听到一些年轻人在哀叹：活成自己想要的样子好难！我想说，是因为他们从事着不适合自己的职业，假如他们可以利用自己的能力在适合的岗位走完一生，那么"游刃有余"这个词汇就是最好的诠释。他们的人生就如一首歌名《你笑起来真好看》。

那些一个月明明可以挣 10000 元的人，因为在不适合他们的位置上，只能赚到其十分之一、五分之一……然而他们明明有足够的能力挣到更高的收入呀。进一步来说，在 10000 元的职位上有许多可以赚 15000 元的人，他们可在未来升迁到合适的位置。所以，我们必须面对这样一个残酷的现实：因为错位，扼杀或埋没了多少人才！

对此，美国学者特雷恩颇为遗憾地说："上百万人因为找错了位置，一生都没有看到自己的才智完全发挥，他们不满足，不幸福，很失败。应该成为领班或管理者的劳动者正如应该成为工程师的职员和记账人一样，都是非常错位的。"他还说："数千在低职位工作的人拥有全面的任职资格和条件，以及行使权利必要的理论知识。他们不仅了解自己的工作，而且仅凭观察，他们老练的做事方法让任何人都由衷佩服他们的工作。但他不能计划、设计和想出不增加成本只增加产出的方法。尽管他们是应用型人才，然而一生却在为微薄的报酬辛苦地工作着。"

年轻人应该多想办法获得人的本性、职业选择等方面的建议。如果能得到相关专家的建议和鼓励，他们的人生将有更大的改变。

若一个人找到了合适的位置，我相信他会感觉身体里的每一根神经和每一个细胞都在为他的目标澎湃、涌出。所以，他会是开心的、满足的，他能意识到正在完成他的使命。但是，错位时，他的内心会对自己正在做的事发出不停地对抗，他丝毫没有满足感。

生活中大部分的麻烦和大多数的犯罪是方枘圆凿造成的。

找到合适的位置会为自己和这个国家解决很多麻烦。他们原本高效的、创作丰富的、有创造力的潜能就会得到很好的发挥。

尽量让错位远离你，否则你的事业观，心和头脑会因为失去动力而变得"面目全非"。除非你能全心地投入，否则难有些许的成功。

10 价值，源于过程中的付出

很欣赏歌德在他《格言诗》中的一句话："你若要喜爱你自己的价值，你就得给世界创造价值。"那么，这个价值又源于何处呢？

我们知道，一个人最好的价值体现在自己喜欢的事物或工作上。因为，这是你喜欢做的、擅长做的、想努力去争取的。有了这三大特点，不管是作为个体的我们，还是一个团队，又或者是集团公司，在做一个方案、项目，或者实现我们的人生理想时，都会在我们的具体行动中得到有利的执行。因此，价值源于过程中的付出。

现在，问题又出来了，我们该如何去获取这些价值呢？主要有以下三点需要注意：

首先，要相信价值的存在。如果没有这

个内心意愿，一切无从谈起。因为，没有人会去做无价值的事情。

其次，以有效的方式去诠释价值，这个也很重要，因为，这是具体细化价值的前期策划工作。比方说，某某项目可操作性、盈利点、市场前景等的定位分析。这个在商业运作上尤为突出。

最后，通过不懈的努力，运用自己的最优经验与智慧、人脉资源与自身潜能等优势与条件。简言之，有效的执行力。

可见，价值的体现并不是我们常说的结果体现。在我看来，结果不过是一个"数字化"或"影响力"的表现形式而已，它是过程中所有价值的"集合体"。因此，如果没有"过程"的"参与"，价值将不可能存在。换句话说，如果你期望着"纯粹无所为而有所为"，这并不符合生命本质。因为，生命如同时间——一直在前行、升华。

　　一步到位的生命缺乏真实与生动，经历过程的生命更加丰厚而坚强。

我总听到不少人在抱怨为什么就不能成为自己期望的那样，别人为什么会获得成功？其实，他们忽略了"价值源于过程中的付出"这个简单的道理。有这样一个故事，在法国某地的蚕宝宝受到一种疾病的侵袭，一时间令法国丝织业面临空前严重的危机。于是，当地政府立即请来著名的学者巴斯德进行调查研究，以期能迅速控制疫情的蔓延。

但是，一个月过去了，疫情的范围仍继续扩大，巴斯德的研究似乎一点进展都没有。这时候，有人开始对他失去信心，埋怨和责难的声音也越来越多，甚至还有人当面说他是国家的寄生虫。

然而，辛苦研究病菌的巴斯德却不愿出声反驳，任由人们误解。但就在这个时候，接二连三的不幸朝他袭来，他的三个孩子莫名其妙地相继去世，强忍悲伤的他仍然一天18个小时守在实验室里研究。更凄惨的是，伤心又操劳过度的他，突然中风了。虽然已经肢体瘫痪，他却仍然要用还能思考的脑袋解决疫情。终于，他发现原因了，原来是有病的蚕卵在作怪，只要能消灭所有患病的蚕卵，疾病就可以消失。

闻名全球的法国葡萄酒之所以如此香醇和美味，也归功于巴斯德孜孜不倦的研究。过去的葡萄酒酿成之后，都会有一种酸味，酿酒者研究试验了很久，都无法解决这个问题。最后，巴斯德研究发现，酒变酸的原因是发酵液中的细菌在捣鬼，于是他心想：要如何才能在消灭细菌的同时，又不影响酒的质量呢？这个难题让巴斯德试了又试，也使用了各种药物，几次实验失败之后他发现，只要把葡萄酒加温到55摄氏度即可，这不仅能消灭细菌，还能保持酒的原味。

看了巴斯德的故事，细心的读者会欣喜地发现，这正是"结果不过是一个'数字化'的表现形式而已，它是过程中所有价值的'集合体'的最佳现实佐证"。是的，或许你会认为巴斯德的解决办法看起来真的很简单，你也会脱口而出——我也会。

但是，事实真的如此吗？要知道，成功不是一个简单结果，也不在于结局。所有的价值体现，都如同巴斯德的"研究过程"与"潜心投入"。那么，何不谨记这样一条生命法则：凡事不要只看得见结果，却看不见其中过程，因为不论结局如何，其中的价值是否非凡，全都来自成功前的付出。

11 让拔尖的技能助力成功

人活于世总该有一项拔尖的技能。

为人更要有所作为、有所拔尖。

这是安身立命的武器，也是你人生价值得到充分体现的重要法宝。

有人说这个社会需要的是全才，可是成为全才的人永远是少数。

既然做不到全才，就做专才。

世上总有一些认为自己是无所不能之人，他们把自己看得很重，其实是在愚弄自己，但难以愚人。一人分心于两事，其结果难敌专心于一事。可见，成功的力量源于专一。在战场上，只能有一位最高指挥官，多个最高指挥官，听谁的命令呢？就像一部电视剧，一台戏剧，一部小说，它们只有一个主角。若主次不分，则难以称为成功。如果主角做精主角之事，配角做精配角之事，他们都可以称之为成功，他们都可以称为成功人士。

在专一处尽最大的力，胜过东一榔头西一棒槌；在某个领域做出骄人的成绩，胜过一把抓的平庸。成功之人皆是那些了解很多事情、却对某个领域造诣甚深之人。我们看到别人的成功不能只停留于表面，成功之人不会对一些普遍之事缺乏了解。更重要的一点是，他们对某一领域有着为人称道的造诣。

那些没有专一目标的青年、那些没有至高理想之人、那些对任何事情都不分次序之人，只能混口饭吃，很难说是真正地生活。不要误以为，我提到的一些生活的基本，包括通识教育，就要忽略迈向专业的要求。所以，成功并不容易，尤其是想要成为行业的翘楚。

一些企业在某一领域取得不错的成绩后，就开始向其他领域拓展，这无可厚非。但是，这样的企业在原本领域都还没有做到更好，却想着涉及更多领域，将大量的资金投入到未知的领域，结果造成资金难以周转。我这样说并不是要扼杀企业涉足未知领域的创造力，而是说企业失去了脚踏实地的根基，极有可能到达某一个高点后重重地摔下来，从此一蹶不振。做更多领域的翘楚，需要更加全面的硬件、软件的配套。如果这些达不到，失败的可能性极大。

通过不断的阶梯式的成长，让自己走向金字塔的塔尖。

　　我们会看到某位精英每年拿着上百万甚至更多的薪酬，但有多少人注意到这位精英的专业知识是高于工作的，同时他对普遍的知识也有着深厚的了解。若他没有这样的能力和辛苦的付出，很难成为某个行业的精英。

　　为了取得辉煌的成就，我们必须对世界有基本的了解，对艺术、科学、文学、商业等学科都要有所熟知。但若一个人不精于某门技艺的话，那么就难以在专业、艺术或是商业上有大的作为。那些多而不精之人会什么事情都想做；他内心渴望的东西会很多；他能圆满地办好力所能及的事，却难以在希望的原野上，播撒任何值得收获的种子。将这种人放置到非常重要的岗位应该不是明智之举。

因此，年轻的男女们请加深对这个世界的认识吧！对那些关系生活与自己的一般之事，不要马虎对待。你会发现很多让自己感兴趣的事物，都是有助于你专注于某点的，会给你一个更宽阔的视野，让你成为更优秀的人。当你对通识有所了解，对时势有所掌握之时，你就该踏上专业之路了。

诸位，选好自己真正的兴趣点，然后尽可能地了解并获得经验，你终将成为一个让众人敬佩的人，而你的拔尖的技能定当助力你成功。

12 保守商业秘密

社会上的流言蜚语是一种可怕的疾病。近年来，明星因流言蔓延而索赔的事情时有发生。赔偿虽然能为受害者挽回一些损失，给予散播流言蜚语者一定的惩罚，但是带给受害者的精神伤害却是难以用金钱来衡量的。

在企业里，流言蜚语同样存在，其带来的伤害同样严重。

作为一名职员，对于公司的商业秘密，你没有权利在不经过允许的情况下胡乱传播。就像你没有权利从老板的抽屉里把钱拿走一样。保守秘密，已经成为严峻的问题。许多公司，为了公司的商业秘密的保守问题煞费苦心，将其惩罚力度调到最高，但依然有人挺身涉险。抛开个例不谈，就广泛地保守商业秘密而言，有时候商业秘密的泄露有可能是无意的，也有可能是有意的，更有可能是人缺乏基本的职业素养导致。

保守商业秘密是我们必备的职业素养，它如同失去诚信带来的危机一样可怕。

在国外有这样两个案例。

两个年轻女人在餐厅里闲聊，她们都是速记员，其中一人是一位著名律师的机要秘书。这位秘书用大到餐桌旁的人都能听到的声音，逐一讲述了她的老板正在处理的一个很重要案件的细节。在餐厅里还有另外一个人，他碰巧知道这位当事人，也了解这个案子。

一位出名的医师最近跟他妻子说了一个诊疗室的秘密，却因此赔偿了 50000 美元的损失。法庭裁决说，他告诉他妻子的内容并不重要，判他赔偿是因为他没有权利将以机密形式告诉他的事情透露给别人。

那些过多谈论自己接触到的商业核心秘密的人，一旦被发现，没有哪个公司敢录用他。因此，现在很多公司在签订用工合同时，都会加注一条，保守商业机密。不过，我认为，即便没有这一条，作为公司的一员也应该为公司保密，无论从道德还是职业特性上讲，都应如此。

作为一名职员，你无法避免一些谈话，而且会日渐熟悉你所在公司的一些机要秘密。如果将这些内容与你的父母，或你的妻子（丈夫）进行谈论，都会辜负公司对你的信任。

我并不是说让你做一个有嘴无言之人，也不是说你不能谈论一般性的工作或者你个人之事，而是说那些机密的事情你应该以神圣的、严肃的态度对待。

当你不知道该说什么的时候，那么请保持沉默。如果实在想说，请说一些生活琐事，前提是确保不会有损公司形象和利益。

记住：保守商业秘密贵如金子，它也是你跳槽后依然受到企业主青睐的重要条件。切莫以商业秘密作为跳槽、升职、加薪的筹码。一旦东窗事发，你今后的职业生涯将寸步难行。

不要与同事说三道四。我这样说并不是让你不和同事就公司的共同利益进行讨论，或者通过相互交流来更好地掌握情况，使你的工作更加高效，但说三道四是截然不同的。

很多时候，自己、别人受到伤害都来自那张管不住的嘴。你看不到言辞的强大力量，总认为话说出去就如风吹散了。事实上往往说者无心，听者有意。

日常生活中不少人都说得过多，好像也没有发生什么可怕的事。但是，商业上的流言蜚语对于商业来说祸害极大，比起社会上的流言蜚语对社会造成的危害有过之而无不及。

当这种流言蜚语成为打击竞争对手的手段，整个公司都会受到影响。流言蜚语不仅针对员工，企业主同样如此。核心竞争力不是你利用流言蜚语而能获得的，而流言蜚语却能扼杀掉公司的核心竞争力。失去信誉的公司最终会倒闭，因为公司失去了合作伙伴，就失去了效益的重要来源。

在巨大的利益面前，保守商业秘密需要一个人具备超强的素养。作为职员，做好本职工作的同时，也要将保护商业机密作为自己工作的一部分。如果你知道了一些商业秘密是超出你工作范围的，那么请离开你的职位。尽早地离开既能保护你自己，也能避免事态的继续恶化。往更大的方面说，商业社会也是需要道德法则的，如果每一个人都能这样做，商业社会将更加和谐。

无论你所在的公司发生何事，你作为其中一员，都要将其视为机密，拒绝说三道四。老板雇用的是你，而非你的家人；

他信任的是你，而不是你的亲戚。他有权期待你将所闻和所知之事保密，无论是在家还是在外，不会将它们四处散播。懂得保守商业机密的员工，没有哪个公司不喜欢。

无论是准备进入某个行业，还是已经进入某个行业，抑或已经退出某个行业，请你保守商业秘密。这是一件关乎道德操守，也关乎自身安危的大事。